汉江上游底栖硅藻图谱

Atlas of Benthic Diatoms in the Upper Han River

谭香 刘妍 著

科学出版社

北京

内 容 简 介

　　本书收录了采自汉江上游水域的附生硅藻，采用了国际最新的硅藻分类系统，详细描述了26科51属152种（含7变种1变型），包括每个种的中文名、拉丁名、鉴定文献、形态学特征及分布范围等信息，并附有光学显微镜照片，部分种附有电子显微镜照片。书后有物种信息表，便于读者查询。

　　本书可为淡水硅藻分类学、流域生态学、水环境科学及应用、水体监测等方面的研究提供参考资料，还可供藻类学、植物学、生态学相关领域的高校师生、科研人员等使用。

图书在版编目（CIP）数据

汉江上游底栖硅藻图谱/谭香，刘妍著 . —北京：科学出版社，2022.6
ISBN 978-7-03-071838-9

Ⅰ. ①汉⋯　Ⅱ. ①谭⋯　②刘⋯　Ⅲ. ①汉水–上游–硅藻门–图谱
Ⅳ. ① Q949.27-64

中国版本图书馆 CIP 数据核字（2022）第 042243 号

责任编辑：王海光　王　好/责任校对：宁辉彩
责任印制：吴兆东/封面设计：北京图阅盛世文化传媒有限公司

科学出版社 出版
北京东黄城根北街 16 号
邮政编码：100717
http://www.sciencep.com

北京中科印刷有限公司 印刷
科学出版社发行　各地新华书店经销

*

2022 年 6 月第 一 版　开本：889×1194　1/16
2022 年 6 月第一次印刷　印张：12 1/2
字数：405 000

定价：198.00 元
（如有印装质量问题，我社负责调换）

序

长江发源于唐古拉山脉，横跨中华大地，至东汇入东海，绵延 6000 多千米，流域面积 180 万 km²，涵养了中国陆地面积的 1/5 及沿岸 4 亿人民。经济的繁荣和人口的增长给长江流域的水资源及生态健康带来沉重负担，长江流域保护成为多年来生态及环境领域关注的热点。"十三五"期间，长江经济带"共抓大保护、不搞大开发"战略的实施促进了长江流域的绿色发展。生态环境部资助的"长江干流水系浮游生物与着生藻类多样性调查与评估"已开展近 5 年，我也参与其中，获得了大量的数据资料。"十四五"伊始，《中华人民共和国长江保护法》的施行将为未来长江流域生态环境的保护和修复保驾护航。

汉江是长江最长的支流，全长 1577 km，流域面积近 16 万 km²。湖北省丹江口以上为上游，长约 925 km，汉江上游是南水北调中线工程的起点及重要水源地，保障着黄淮海流域 6000 万人口的用水安全。这一区域的水土保持、生物群落及多样性调查、河流生态健康评价等工作一直广泛开展，出版的专著、发表的研究论文都很丰富。

生态健康评价研究中，藻类是直接有效的指示物种，特别是附生硅藻，其对水体质量敏感。藻类群落演替能够很好地反映水质状况，加之易采集、易保存等优点，是近年来水环境健康评价中常用的指示生物。目前，关于附生藻类的研究也不少，但多以名录的形式出现，缺乏翔实的图片资料。准确地分类鉴定，才能更好地为生态监测和评价提供可靠的数据和资料，而图片资料是正确鉴定硅藻、应用硅藻作为生态健康指示物的最直接途径之一。

《汉江上游底栖硅藻图谱》是由谭香、刘妍两位年轻学者在对汉江上游水系附生硅藻进行细致观察研究的基础上写成的，对汉江上游水质的监测和治理，河流生态系统的健康监测与维持有重要的参考价值，更是对长江流域水生生物多样性研究的重要补充。谭香博士从事硅藻生态学研究十余年，在汉江上游及丹江口水库的水环境监测方面做了大量工作，积累了丰富的硅藻标本；刘妍博士一直从事硅藻分类及区系研究，对硅藻的分类、鉴定经验丰富。两位博士精诚合作，高效地完成了该书的撰写。书中共记录硅藻 26 科 51 属 152 种（含 7 变种 1 变型），对每个种的形态特征进行了描述，并附有清晰的光学显微镜或电子显微镜照片，是从事淡水硅藻鉴定和分类研究的重要参考书。

随着现代科学技术的进步，硅藻的鉴定手段和分类系统也在不断发展，在种属的定名和特征描述方面也都采用了国际上比较新的观点。长江后浪推前浪，近年来，国内一批年轻硅藻分类及生态学研究者开展了卓有成效的工作，谭香博士、刘妍博士无疑是他们中的代表。在该书即将出版之际，向二位表示祝贺！

王全喜

2022 年 1 月 16 日

前　言

长江是亚洲第一长河，而汉江是长江的最长支流。汉江发源于陕西省宁强县北的嶓冢山，流经汉中、安康地区入湖北，最后于湖北省武汉市汇入长江，通常以丹江口上游为汉江上游。汉江上游地理位置位于 31°～34°N，106°～112°E，上游流域面积占陕西省面积的 1/3，河长约 925 km，流域面积 9.46 万 km²。

汉江上游流域是南水北调中线工程和陕西省引汉济渭工程的主要水源地。汉江上游流域地处北亚热带，流域具有明显的季风气候特性；雨量充沛，年均降雨量 800～1200 mm，夏季降雨量约占全年降雨量的 70% 以上。汉江上游年径流量约为 4.11×10^{10} m³，流域支流密布，北岸支流多发源于秦岭山区；南岸支流多发源于大巴山区。秦巴山区是陆地生态系统生物多样性最丰富的地区之一，然而对于河流生态系统的水生生物多样性研究非常匮乏。

硅藻是水生生态系统食物网的主要组成部分，在河流和溪流等流动水体中，营附着生长的硅藻是生态系统中重要的初级生产者和能量传递载体。硅藻也被证明是用于河流、溪流水质及生态健康评价的最佳指示生物之一，是当前世界河流健康监测及评价领域的重要监测指标。准确鉴定并正确命名附生硅藻是获取有价值的监测信息及数据的基本保障，对流域水生态监测及健康评价具有十分重要的意义。

汉江上游流域作为我国重要的水源地之一，地理地形环境复杂、生物多样性丰富，但当前对其研究主要集中在流域面源污染、水体环境化学等方面，该流域的硅藻多样性等生物区系研究还鲜有涉及。对汉江上游硅藻的生物多样性研究将为河流生态系统健康评价及其管理提供科学依据，对我国及长江流域水环境保护也有着极其重要的贡献。

本研究中的硅藻标本采集自溪流或河流的底质——卵石上，且在流动水体区域采集，采样点涉及研究流域中的干流和支流。采集样品的河段海拔 100～1200 m，溪流或河流水面宽度 5～20 m，支流的样品采集自涉水可过的溪流水体内的卵石，而干流的样品采集自近河岸的及膝高水面（0.5m 左右）覆盖的卵石。标本的标本号、采样点、采集地及生态分布特点详见附表 I。

本书著者从事硅藻分类学、生态学及硅藻区系研究十余年，截至 2020 年底，先后对汉江上游进行了 51 次标本采集，积累了丰富的数据。本书共收录采自汉江上游流域的硅藻 26 科 51 属 152 种（含 7 变种 1 变型），并针对硅藻种属的分类学特点，结合长期工作经验对每种硅藻进行形态特征描述，同时提供了鉴定文献、采样点和分布情况。本书收录的硅藻以汉江上游的广布种为主，丰富了我国硅藻生物学资源，希望可以为从事水环境监测及相关教学、科研工作的研究者提供参考资料。

汉江上游流域附生（底栖）硅藻的相关研究工作得到了科技部科技基础性工作专项南水北调（中线）水源地生物群落环境调查（项目编号 2015FY110400）、国家自然科学基金国际合作与交流项目（项目编号 31720103905）、国家自然科学基金面上项目（项目编号 31670201、31970213）和中国科学院丹江口湿地生态系统野外科学观测研究站的共同资助。本书的撰写及最终出版得到了中国科学院武汉植物园张全发研究员的鼎力支持；藻类界前辈上海师范大学王全喜教授帮忙审阅并为本书作序；美国科罗拉多大学科奇奥列克（Kociolek）教授在分类单元的确定等方面提供了宝贵的意见，提升了本书的学术质量；哈尔滨师范大学范亚文教授在撰写、成稿等方面都给予了大力支持并提出了宝贵意见；云南大学李艳玲教授在成稿过程中也对物种的鉴定给予了大量帮助，在此对以上专家谨表诚挚的谢意！本书采用的硅藻照片由哈尔滨师范大学水生生物多样性重点实验室硕士研究生张莹、路杨、何佳昕拍摄并整理；中国科学院武汉植物园研究生张健、赵彬洁及科研助理许基磊等在野外采样中做了大量工作，一并致谢！

　　本书为汉江上游流域附石硅藻的阶段性研究成果，鉴于作者水平有限，书中难免存在不足之处，敬请读者和同行批评指正，提出宝贵意见。

谭　香　刘　妍

2021 年 11 月 12 日于江城武汉

目　　录

圆筛藻纲 Coscinodiscophyceae

一、直链藻目 Melosirales

（一）沟链藻科 Aulacoseiraceae

1. 沟链藻属 *Aulacoseira* Thwaites 1848

细胞圆柱形，常通过刺棘等结构连接成长链状群体。壳面圆且平。壳套面上的网孔较大，通常呈圆形或矩形。

本属在汉江共发现 1 种 1 变种。

（1）颗粒沟链藻 *Aulacoseira granulata* (Ehrenberg) Simonsen　图版 1: 1 ～ 5

鉴定文献：Metzeltin et al. 2005, p. 248, Fig. 3: 1 ～ 2.

特征描述：细胞圆柱形，连接成紧密的链状群体。壳面直径 8.5 ～ 9.7 μm，高 31.4 ～ 39.7 μm；相邻细胞的连接刺通常较短，但具 2 条长刺。壳面上 10 μm 内线纹有 8 ～ 9 条。

采样点：H27、C3、C7。

分布：汉江（旬阳县）、堵河。

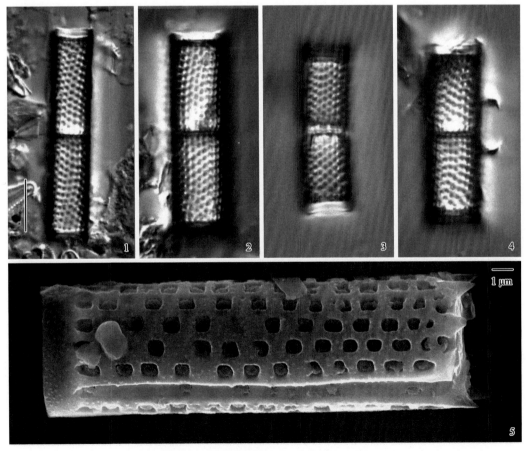

图版 1　颗粒沟链藻 *Aulacoseira granulata*

1 ～ 4. 光镜照片，带面观，标尺 =10 μm；5. 电镜照片，示壳套面

（2）颗粒沟链藻极狭变种 *Aulacoseira granulata* **var.** *angustissima* **(Müller) Simonsen**　　图版 2: 1 ～ 5

　　鉴定文献：Bey and Ector 2013, p. 12, Figs. 1 ～ 5.

　　特征描述：细胞常连接成细而长的链状群体，壳体高度大于直径几倍。壳体直径 4.1 ～ 6.1 μm，高 31.7 ～ 38.1 μm。

　　采样点：H27、C7、C9、J3。

　　分布：汉江（旬阳县）、堵河、金水河。

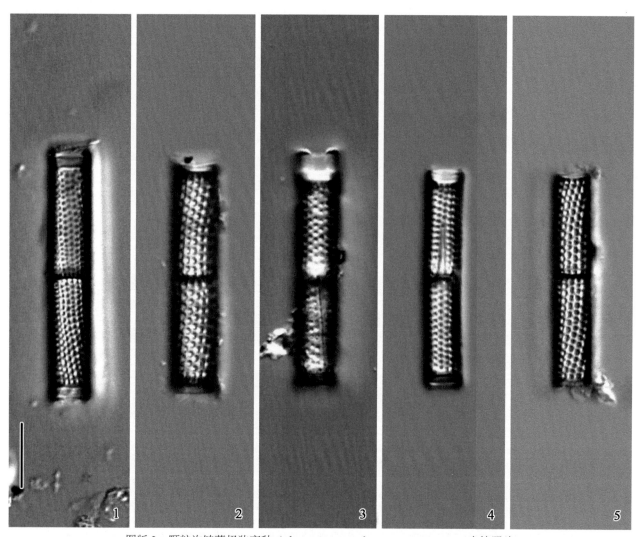

图版 2　颗粒沟链藻极狭变种 *Aulacoseira granulata* var. *angustissima* 光镜照片

1 ～ 5. 带面观，标尺 =10 μm

（二）直链藻科 Melosiraceae

2. 直链藻属 *Melosira* Agardh 1824

壳体圆形或短圆柱形。壳面圆形，壳面纹饰不明显，通常具突起的小棘。

本属在汉江共发现 1 种。

（3）变异直链藻 *Melosira varians* Agardh　　图版 3: 1 ～ 8; 4: 1 ～ 6

鉴定文献: Krammer and Lange-Bertalot 2004, p. 7, Fig. 73: 3.

特征描述: 细胞圆柱形，连接成紧密的链状群体。壳体直径 10 ～ 14.7 μm，高 36.3 ～ 43.4 μm。壳面平坦，具突起的形状不规则的小棘；支持突外壳面开口圆形。

采样点: H7、H15、H19、H24、H28、H29、H30、B10、C3、C7、J9。

分布: 酉水河、堰河、池河、黄洋河、旬河、蜀河、汉江（蜀河镇）、褒河、堵河、金水河。

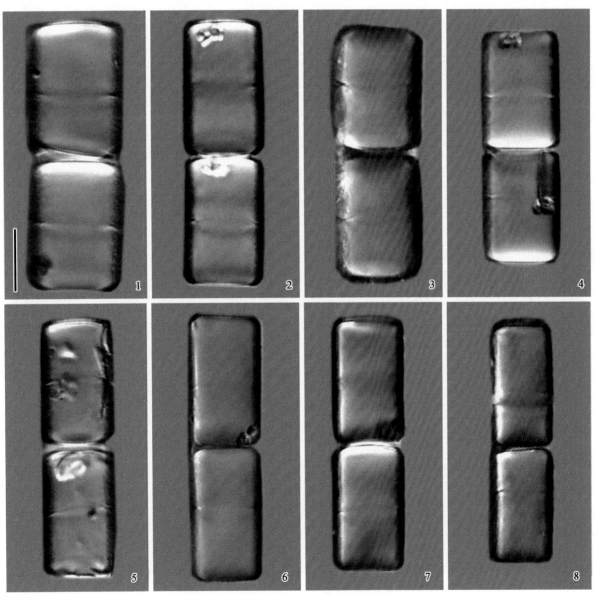

图版 3　变异直链藻 *Melosira varians* 光镜照片

1 ～ 8. 带面观，标尺 =10 μm

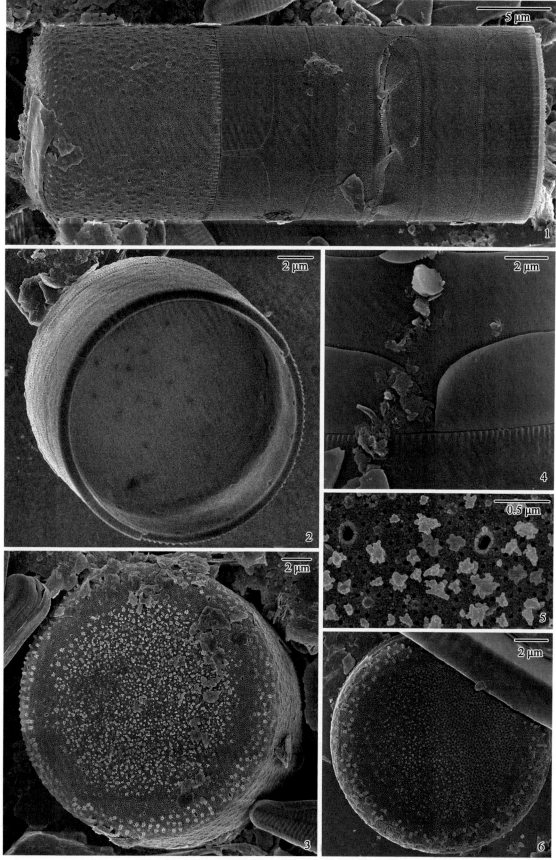

图版 4　变异直链藻 *Melosira varians* 电镜照片

1. 带面观；2. 内壳面观；3，6. 外壳面观；4. 带面观，示环带；5. 外壳面观，示壳面突起

中型硅藻纲 Mediophyceae

二、海链藻目 Thalassiosirales

（三）骨条藻科 Skeletonemataceae

3. 小环藻属 *Cyclotella* Kützing and Brébisson 1838

细胞单生或连接成疏松的链状群体，鼓形。壳面圆盘形，常呈同心波曲状或切向波曲状。纹饰边缘区和中央区明显不同，边缘区具辐射状排列的线纹或肋纹，中央区平滑或具有点纹和斑纹，带面平滑，没有间生带。

本属在汉江共发现 4 种。

（4）湖北小环藻 *Cyclotella hubeiana* Chen and Zhu　　图版 5: 1 ～ 6; 6: 1 ～ 6

鉴定文献：陈嘉佑和朱蕙忠 1985, p. 80, Figs. 3 ～ 4.

特征描述：壳面圆形，呈同心波曲状，直径 16.5 ～ 27.8 μm。壳面中央区较小，约占整个壳面的 1/3，有时具数量不定的散生点纹。边缘区具辐射状排列的粗线纹，线纹长短交替，在 10 μm 内壳面线纹有 11 ～ 12 条。

采样点：H7、H30、C3、C7、J3。

分布：酉水河、汉江（蜀河镇）、堵河、金水河。

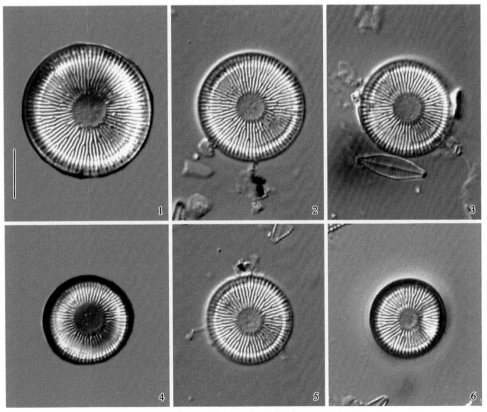

图版 5　湖北小环藻 *Cyclotella hubeiana* 光镜照片

1 ～ 6. 壳面观，标尺 =10 μm

图版 6　湖北小环藻 *Cyclotella hubeiana* 电镜照片
外壳面观：1. 外壳面整体；2. 外壳面中部；3. 壳缘支持突开口。
内壳面观：4. 内壳面整体；5. 壳缘支持突；6. 壳缘唇形突

（5）梅尼小环藻 *Cyclotella meneghiniana* **Kützing**　　图版 7: 1 ～ 18; 8: 1 ～ 6

鉴定文献：Krammer and Lange-Bertalot 2004, p. 44, Fig. 44: 1 ～ 10.

特征描述：壳面圆形，呈同心波曲状，直径 10.1 ～ 15.8 μm。壳面中央区和边缘区的界限明显，边缘区宽度为半径的 1/3 ～ 1/2；边缘区线纹呈辐射状排列，在 10 μm 内壳面肋纹有 8 ～ 10 条。中央区具 1 ～ 2 个支持突，壳缘具 1 圈边缘支持突。

采样点：H1、H7、H10、H11、H15、H19、H24、H28、H30、H34、J3。

分布：老灌河、酉水河、堰河、池河、黄洋河、旬河、汉江（城固县）、汉江（汉中市）、汉江（蜀河镇）、将军河、金水河。

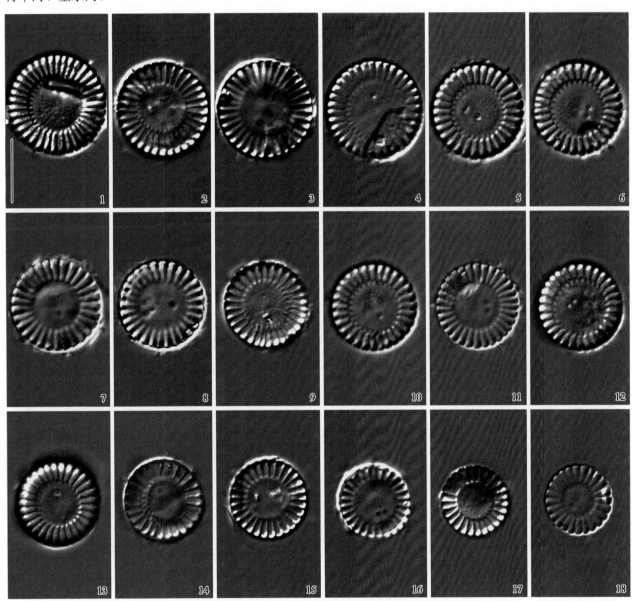

图版 7　梅尼小环藻 *Cyclotella meneghiniana* 光镜照片

1 ～ 18. 壳面观，标尺 =10 μm

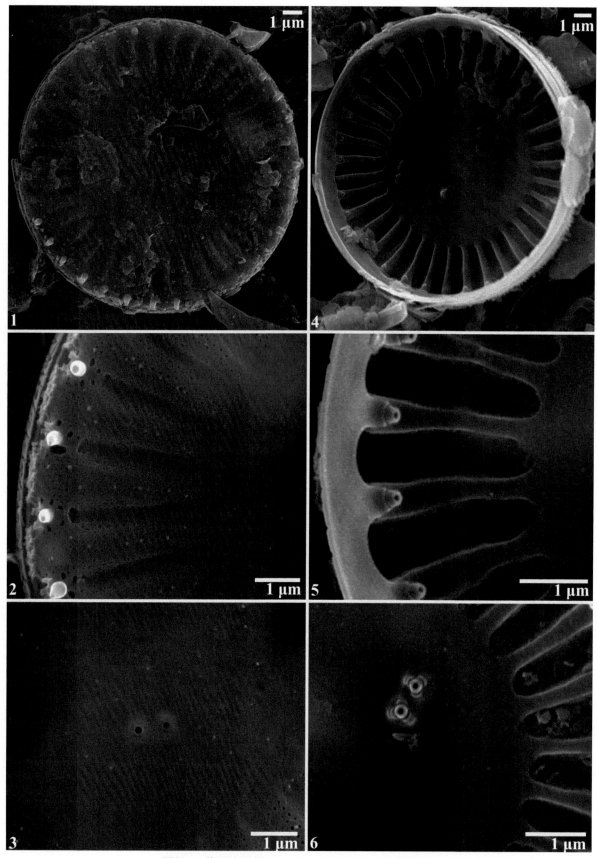

图版 8　梅尼小环藻 *Cyclotella meneghiniana* 电镜照片

外壳面观：1. 外壳面整体；2. 壳缘点纹；3. 支持突开口，小圆形。

内壳面观：4. 内壳面整体；5. 壳缘支持突；6. 支持突开口

（6）眼斑小环藻 *Cyclotella ocellata* Pantocsek　　图版 9: 1 ～ 11

鉴定文献：Bey and Ector 2013, p. 33, Figs. 1 ～ 19.

特征描述：壳面圆形，直径 8.5 ～ 13 μm。中央区呈波曲状，壳面中央区和边缘区的界限明显，边缘区宽度约为半径的 1/3 或 1/4；边缘区线纹呈辐射状排列，在 10 μm 内壳面线纹有 13 ～ 16 条；中央区具 3 个或多个直径约为 1 μm 的圆形斑纹。

采样点：H14、H22、H30、C3、C7。

分布：沮水、月河、汉江（蜀河镇）、堵河。

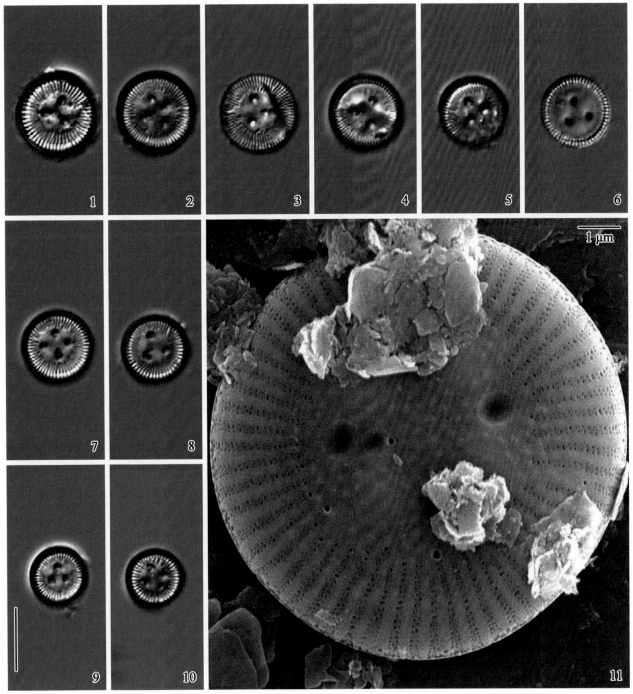

图版 9　眼斑小环藻 *Cyclotella ocellata*

1 ～ 10. 光镜照片，壳面观，标尺 =10 μm；11. 电镜照片，外壳面观

（7）星肋小环藻 Cyclotella asterocostata Xie, Liu and Cai　　图版 10: 1

鉴定文献：齐雨藻 1995, p. 44, Fig. 50.

特征描述：壳面圆形，呈同心波曲状，直径 36 μm。中央区占整个壳面的 1/2 ～ 2/3，有时具数量不定的散生点纹；边缘区具辐射状排列的粗线纹，线纹长短交替。

采样点：C7。

分布：堵河。

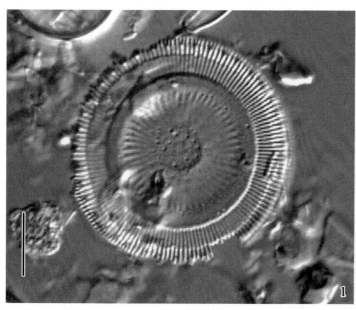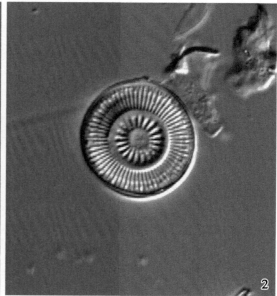

图版 10　星肋小环藻 Cyclotella asterocostata（左）和具星碟星藻 Discostella stelligera（右）光镜照片

1 ～ 2. 壳面观，标尺 =10 μm

4. 碟星藻属 Discostella Houk and Klee 2004

壳面圆盘形，中央区平坦或呈同心波动，具较大的长室孔，常在壳面中部形成星形图案；壳面边缘区具辐射状排列的肋纹，支持突和唇形突均位于壳面边缘。

本属在汉江共发现 2 种。

（8）具星碟星藻 Discostella stelligera (Cleve and Grunow) Houk and Klee　　图版 10: 2

鉴定文献：Houk and Klee 2004, p. 208, Figs. 22 ～ 93; 齐雨藻 1995, p. 61, Fig. 78.

特征描述：壳面圆形，直径 18.4 m。壳面呈同心波曲状。边缘区和中央区被一轮无纹饰、很窄的无纹区分开。凸起的中央区具辐射状的长室孔组成的星状图案；边缘区较窄，具辐射状线纹，在 10 μm 内有 10 ～ 12 条。具一轮边缘支持突。

采样点：H7、H11、H19、C7、J7、J3。

分布：酉水河、汉江（汉中市）、池河、堵河、金水河。

（9）假具星碟星藻 *Discostella pseudostelligera* (Hustedt) Houk and Klee　图版 11: 1 ～ 10

鉴定文献：Lowe 2015.

特征描述：壳面较小，呈圆形，直径 7 ～ 7.4 μm。壳面呈同心波曲状。中央区具长室孔形成的星形图案，部分个体中确缺失；边缘具辐射状线纹，在 10 μm 内有 10 ～ 12 条。唇形突及支持突位于壳缘。

采样点：H7、H19、C7、J7、J3。

分布：酉水河、池河、堵河、金水河。

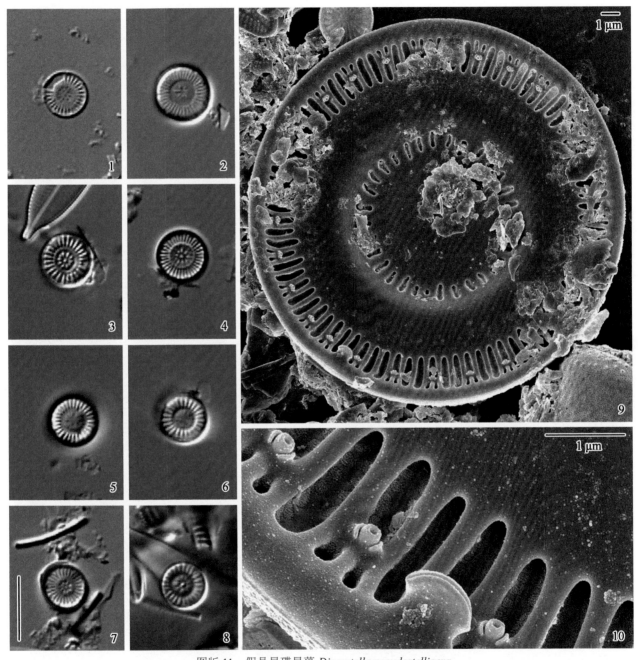

图版 11　假具星碟星藻 *Discostella pseudostelligera*

1 ～ 8. 光镜照片，壳面观，标尺 =10 μm。9 ～ 10. 电镜照片：9. 内壳面观；10. 内壳面观，示支持突和唇形突

5. 琳达藻属 *Lindavia* (Schütt) DeToni and Forti 1900

壳面圆形至卵形。壳面具两种不同的纹饰，壳缘处具长或短的线纹，壳面中部具或不具点纹和支持突。本属在汉江共发现 1 种。

（10）省略琳达藻 *Lindavia praetermissa* (Lund) Nakov et al.　　图版 12: 1 ～ 8

鉴定文献：Nakov et al. 2015, p. 257.

特征描述：壳面圆形，平坦，靠近壳面边缘有 1 圈狭窄的无线纹的区域，直径 7.6 ～ 13.3 μm。线纹由单列点纹组成，点纹呈放射状排列，壳面由成排的硅质颗粒覆盖，并与线纹平齐，边缘区具明显的、短的线纹，在 10 μm 内有 19 ～ 22 条。

采样点：H7、H10、H17、H24、H34。

分布：酉水河、汉江（城固县）、牧马河、黄洋河、将军河。

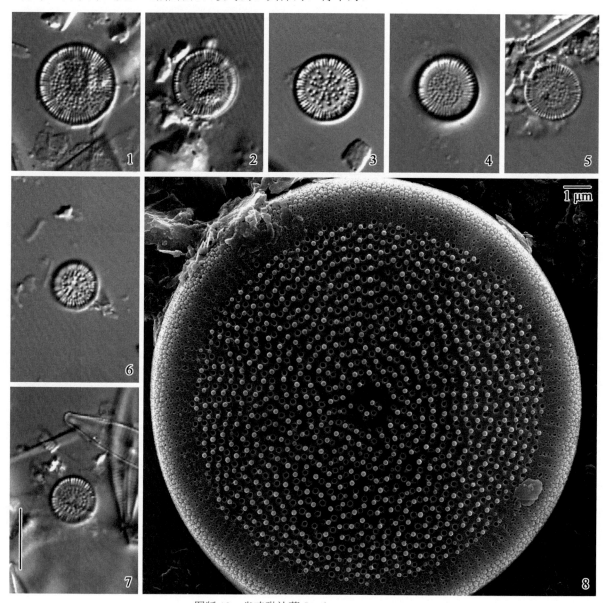

图版 12　省略琳达藻 *Lindavia praetermissa*

1 ～ 7. 光镜照片，壳面观，标尺 =10 μm；8. 电镜照片，外壳面观

6. 冠盘藻属 *Stephanodiscus* Ehrenberg 1845

壳体圆盘形，极少为鼓形或圆柱状。壳面常平坦或呈同心波曲，具放射状的点纹，点纹为单列或多列。壳缘具有刺状突起，在刺突下可能具 1 个壳缘支持突。

本属在汉江共发现 1 变型。

（11）冠盘藻细弱变型 *Stephanodiscus hantzschii* f. *tenuis* (Hustedt) Håkansson and Stoermer　图版 13: 1 ～ 6

鉴定文献: Bey and Ector 2013, Fig. 67: 1 ～ 19.

特征描述: 壳面圆盘形，平坦，直径 9 ～ 17.7 μm。壳面具辐射状排列的束状网孔，10 μm 内有 6 ～ 14 条。

采样点: H17、H24、H28、C7、J3。

分布: 牧马河、黄洋河、堵河、旬河、金水河。

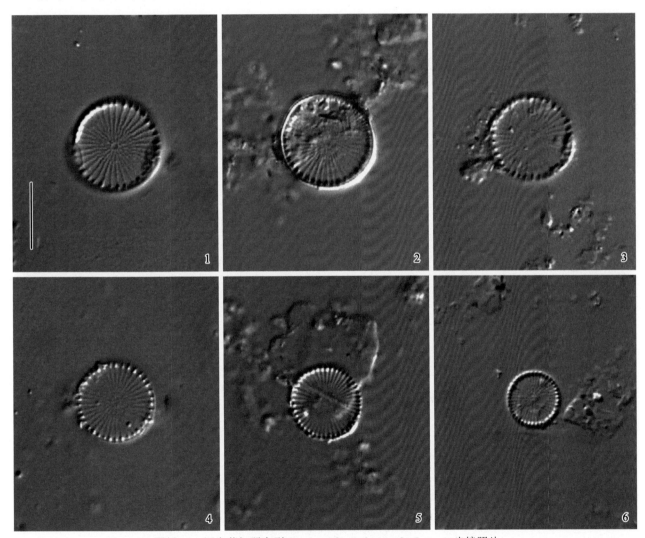

图版 13　冠盘藻细弱变型 *Stephanodiscus hantzschii* f. *tenuis* 光镜照片

1 ～ 6. 壳面观，标尺 =10 μm

（四）海链藻科 Thalassiosiracea

7. 海链藻属 *Thalassiosira* Cleve 1873

壳面圆形，具辐射状的线纹。壳面边缘有 1 轮或 1 轮以上的支持突，在壳面中部也有支持突，排列成规则或不规则的轮列或线列，或成组或散生。唇形突 1 个或多个，位于壳面边缘或中央或两者之间。

本属在汉江共发现 1 种。

（12）湖沼海链藻 *Thalassiosira lacustris* (Grunow) Hasle　　图版 14：1 ～ 5

鉴定文献：Hasle and Fryxell 1977, p. 54, Figs. 15 ～ 66.

特征描述：壳面圆形，直径 16.9 ～ 22.9 μm。壳面粗糙散生着许多细小的瘤突，呈切向波曲状，具大小不规则的点纹，点纹呈放射状排列。壳面中央具有多个支持突，外缘有 2 轮刺，外轮刺小排列较紧密。

采样点：H30、Q3。

分布：汉江（蜀河镇）、金钱河。

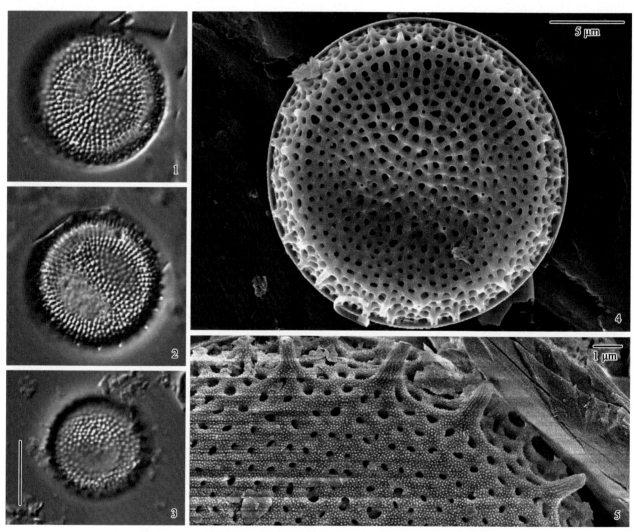

图版 14　湖沼海链藻 *Thalassiosira lacustris*

1 ～ 3. 光镜照片，壳面观，标尺 =10 μm。4 ～ 5. 电镜照片：4. 外壳面观；5. 外壳面观，示壳缘壳针

脆杆藻纲 Fragilariophyceae

三、脆杆藻目 Fragilariales

（五）脆杆藻科 Fragilariaceae

8. 脆杆藻属 *Fragilaria* Lyngbye 1819

细胞相互连接成带状群体，或每个细胞仅一端连接成"Z"形。壳面通常为线形或披针形，两侧对称，中部常膨大或收缩，向末端逐渐变狭，末端钝圆呈喙状或小头状，具顶孔区和唇形突；壳面中部具假壳缝，中央区有或部分缺失。

本属在汉江共发现 4 种 1 变种。

（13）尖脆杆藻直变种 *Fragilaria arcus* var. *recta* Cleve　　图版 15: 1 ～ 12; 16: 1 ～ 4

鉴定文献：Krammer and Lange-Bertalot 2004, p. 135, Fig. 117: 14.

特征描述：壳面线形，向两端渐狭，末端延长呈小头状，长 31.4 ～ 42.4 μm，宽 3.9 ～ 4.2 μm。中轴区很窄；中央区近横矩形，两侧略不对称。壳面具 1 个唇形突，位于近末端处，横线纹由单列近圆形点纹组成，10 μm 内有 10 ～ 12 条。

采样点：H7、H9、H11、H28、H34、Q8。

分布：酉水河、湑水河、汉江（汉中市）、旬河、将军河、金钱河。

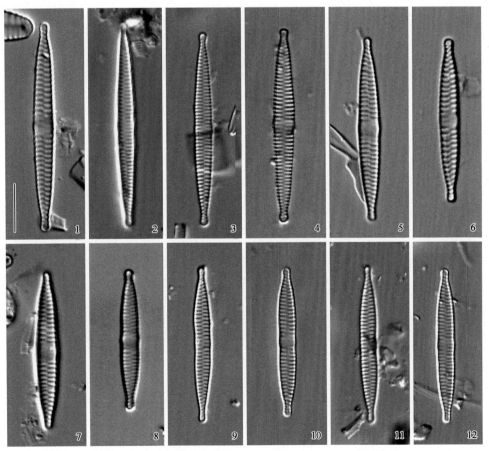

图版 15　尖脆杆藻直变种 *Fragilaria arcus* var. *recta* 光镜照片

1 ～ 12. 壳面观，标尺 =10 μm

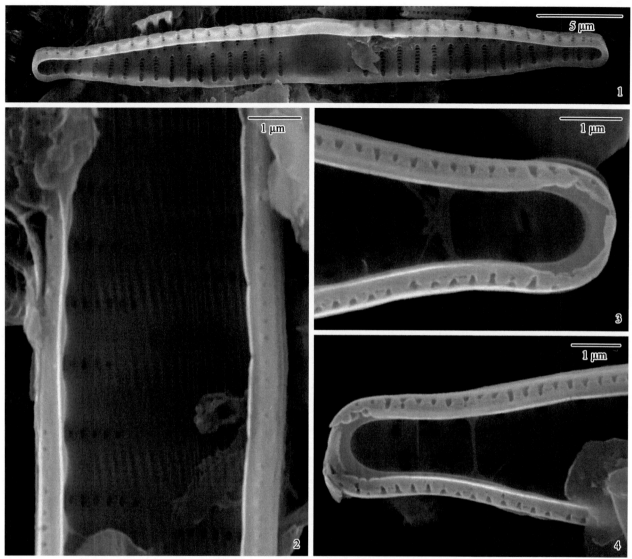

图版 16　尖脆杆藻直变种 *Fragilaria arcus* var. *recta* 电镜照片
1. 内壳面观；2. 壳面中部；3. 唇形突；4. 示壳面末端

（14）中狭脆杆藻 *Fragilaria mesolepta* Rabenhorst　　图版 17

鉴定文献：Bey and Ector 2013, p. 1006, Figs. 1 ～ 43.

特征描述：壳面线形，长 49.3 μm，宽 3.5 μm。横线纹 10 μm 内有 11 条。

采样点：H34。

分布：将军河。

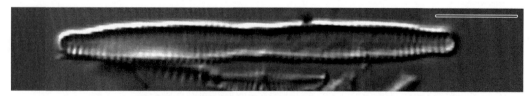

图版 17　中狭脆杆藻 *Fragilaria mesolepta* 电镜照片
壳面观，标尺 =10 μm

（15）钝脆杆藻 *Fragilaria capucina* **Desmaziéres**   图版 18: 1 ～ 15; 19: 1 ～ 4

鉴定文献：Metzeltin et al. 2005, p. 270, Figs. 13: 15 ～ 17.

特征描述： 壳面线形，两侧略不对称，末端延长呈小头状，长 19.7 ～ 33.4 μm，宽 3.4 ～ 3.9 μm。中轴区很窄，线形；中央区两侧不对称，椭圆形近矩形，通常具幽灵线纹。壳面具 1 个唇形突，位于近末端；壳缘具小的壳针；顶孔区位于两末端壳套处。横线纹由单列近短裂缝状点纹组成，10 μm 内有 13 ～ 15 条。

采样点： H7、H9、H17、H30、H34、Q8。

分布： 酉水河、湑水河、牧马河、汉江（蜀河镇）、将军河、金钱河。

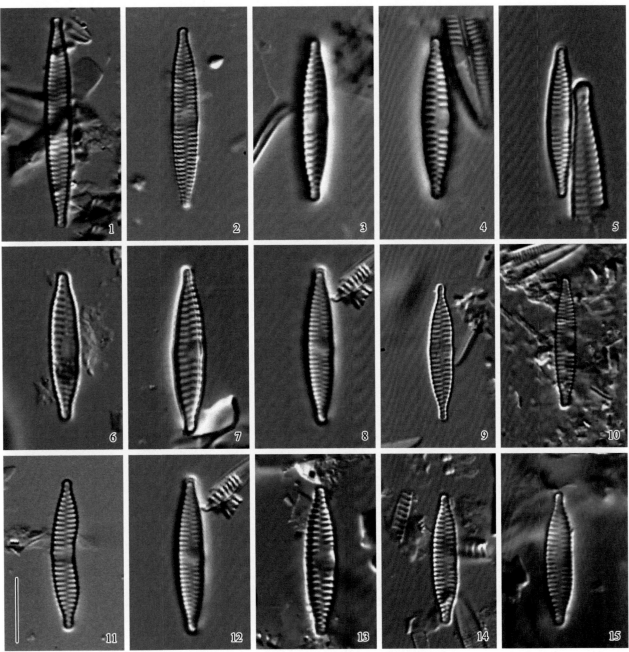

图版 18   钝脆杆藻 *Fragilaria capucina* 光镜照片

1 ～ 15. 壳面观，标尺 =10 μm

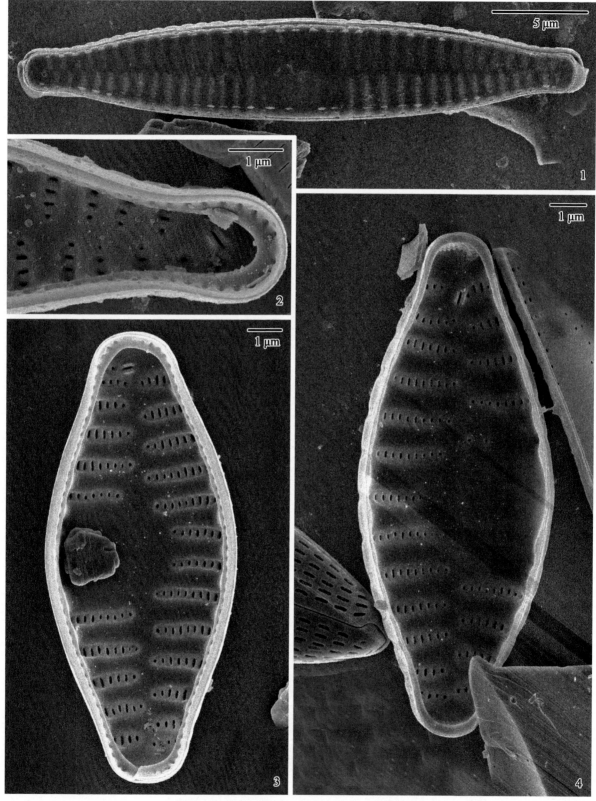

图版 19 钝脆杆藻 *Fragilaria capucina* 电镜照片
1.外壳面观；2.内壳面观，示唇形突；3～4.内壳面整体

（16）拟爆裂脆杆藻 *Fragilaria pararumpens* **Lange-Bertalot, Hofmann and Werum**　　图版 20: 1～6

鉴定文献：Bey and Ector 2013, p. 227, Figs. 1～38.

特征描述：壳面线形，中部略膨大，末端延长呈尖头状，长 52.8～61.6 μm，宽 3.1～3.7 μm。中轴区窄线形；中央区横矩形，直达壳缘。壳面具 1 个唇形突，位于近末端；顶孔区位于末端壳套面。横线纹在壳面两侧交错排列，由单列近小圆形点纹组成，10 μm 内有 12～14 条。

采样点：H11。

分布：汉江（汉中市）。

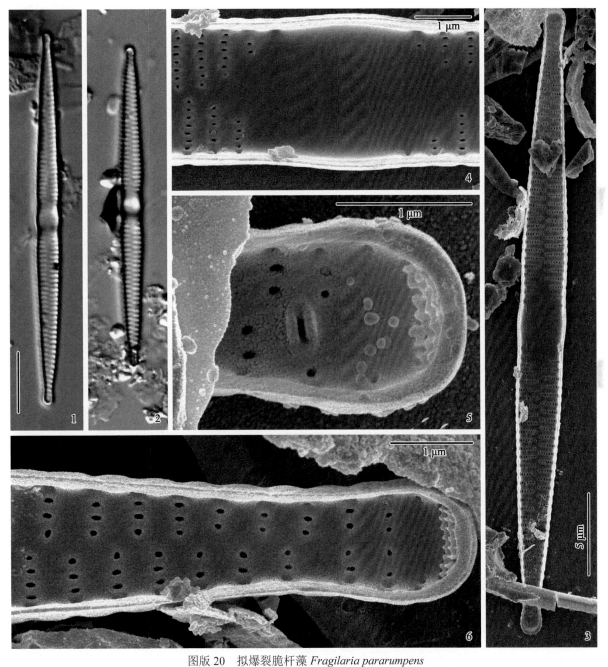

图版 20　拟爆裂脆杆藻 *Fragilaria pararumpens*

1～2. 光镜照片，壳面观，标尺 =10 μm。3～6. 电镜照片，内壳面观：3. 内壳面整体；4. 中央区；
5. 唇形突和顶孔区；6. 点纹和顶孔区

（17）柔嫩脆杆藻 *Fragilaria tenera* (Smith) Lange-Bertalot 图版 21: 1 ～ 8

鉴定文献：Antoniades et al. 2008, p. 358, Fig. 4: 13 ～ 17.

特征描述：壳面细线形，中部略宽，向两末端渐狭，末端小头状，长 60.0 ～ 76.0 μm，宽 2.7 ～ 3.0 μm。中轴区窄线形；中央区矩形，延伸至壳缘。壳缘具近三角锥形的壳针，壳面具 1 个唇形突，顶孔区位于末端壳套面。横线纹近平行排列，较细弱，由小长圆形点纹组成，10 μm 内有 19 ～ 20 条。

采样点：J10。

分布：金水河。

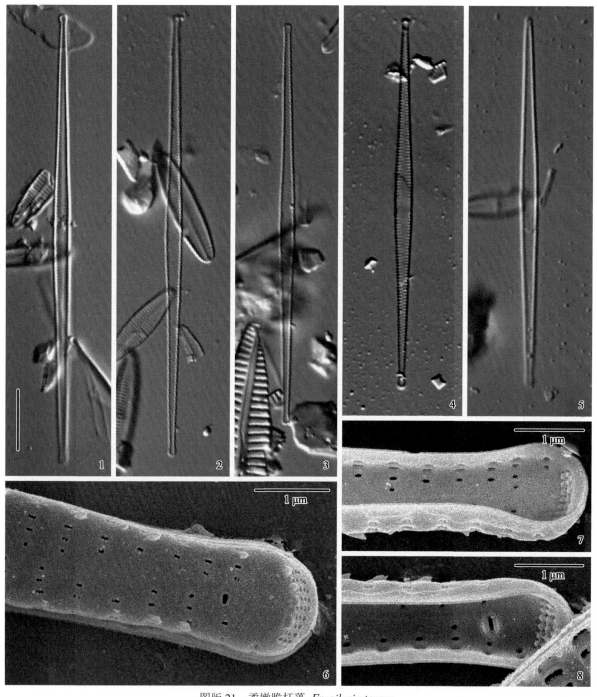

图版 21　柔嫩脆杆藻 *Fragilaria tenera*

1 ～ 5. 光镜照片，壳面观，标尺 =10 μm。6 ～ 8. 电镜照片：6. 外壳面观，示唇形突、壳针及顶孔区；
7. 内壳面观，示顶孔区及点纹；8. 内壳面观，示唇形突

四、平板藻目 Tabellariales

（六）平板藻科 Tabellariaceae

9. 等片藻属 *Diatoma* Bory de St.-Vincent 1824

壳面常连接成"Z"形、锯齿状或带状群体，带面观长方形，有间生带，无隔膜。壳面椭圆形、披针形或线形，具横肋纹和横线纹，具唇形突和顶孔区。

本属在汉江共发现 1 种。

（18）普通等片藻 *Diatom vulgaris* Bory 　图版 22: 1～8; 23: 1～8

鉴定文献：Krammer and Lange-Bertalot 2004, p. 95, Figs. 91: 2～3, 93: 1～12, 94: 1～13, 95: 1～7, 97: 3～5; 朱蕙忠和陈嘉佑 2000, p. 99, Fig. 4: 22.

特征描述：壳面线形披针形，两侧略平行，末端宽圆，长 25～38 μm，宽 10～12 μm。横肋纹近平行排列，10 μm 内有 8～10 条；点纹小而圆，单列。假壳缝不明显。壳面末端具顶孔区。壳面一侧近末端位置具 1 个唇形突。

采样点：H1、H7、H9、H11、H13、H14、H15、H17、H19、H22、H24、H28、H29、H30、H34、B6、B10、B11、C7、J1、J4、J7、J9、J10、J3、Q3、Q8。

分布：老灌河、酉水河、湑水河、汉江（汉中市）、汉江（勉县）、沮水、堰河、牧马河、池河、月河、黄洋河、旬河、蜀河、汉江（蜀河镇）、将军河、褒河、堵河、金水河、金钱河。

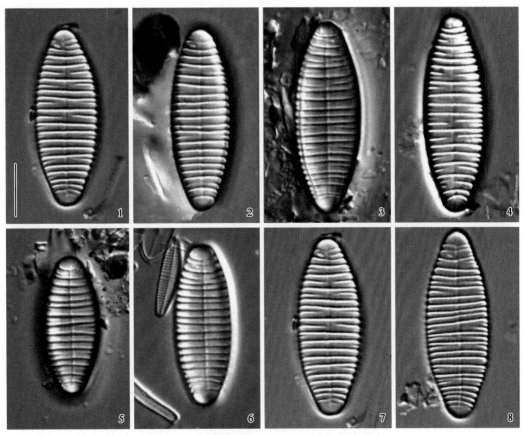

图版 22　普通等片藻 *Diatom vulgaris* 光镜照片

1～8. 壳面观，标尺 =10 μm

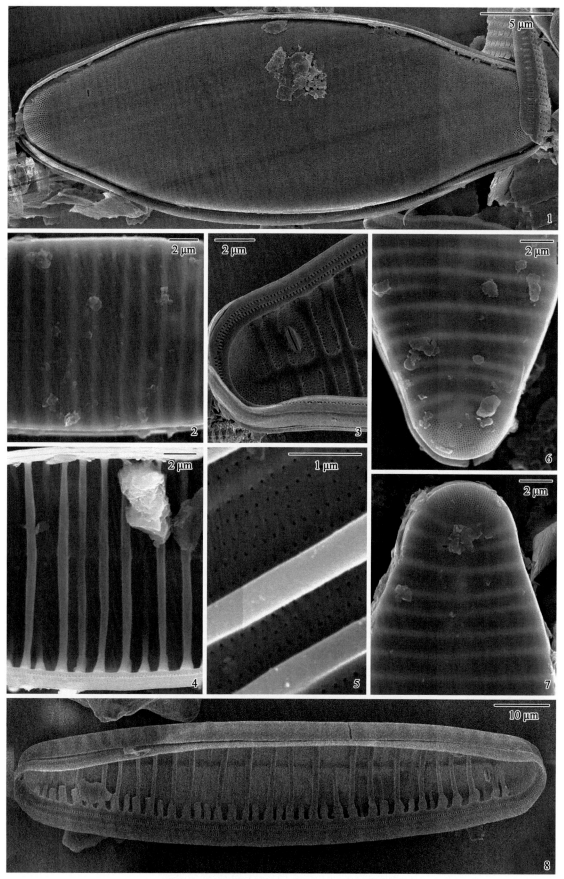

图版 23 普通等片藻 *Diatom vulgaris* 电镜照片
外壳面观: 1. 外壳面整体; 2. 壳面中部; 6, 7: 壳面末端放大。
内壳面观: 3. 唇形突; 4. 肋纹; 5. 点纹; 8. 内壳面整体

五、楔形藻目 Licmophorales

（七）肘形藻科 Ulnariacae

10. 平格藻属 *Tabularia* (Kützing) Williams and Round 1986

壳面窄线形至披针形，末端略延长，喙状或头状。中轴区较宽，常占整个壳面宽度的 1/3 到 1/2；中央区不明显。横线纹较短。

本属在汉江共发现 1 种。

（19）簇生平格藻 *Tabularia fasiculata* (Agardh) Williams and Round   图版 24: 1 ～ 13

鉴定文献：Krammer and Lange-Bertalot 1991, p. 500, Fig. 135: 2.

特征描述：壳面线形披针形，末端略延长呈小头状，长 27 ～ 33 μm，宽 4.7 ～ 5.5 μm。中轴区线形披针形，中央区不明显。壳面具 1 个唇形突位于近末端。横线纹近平行排列，由单列纵向短裂缝在点纹组成，10 μm 内有 13 ～ 17 条。

采样点：H30、H34。

分布：汉江（蜀河镇）、将军河。

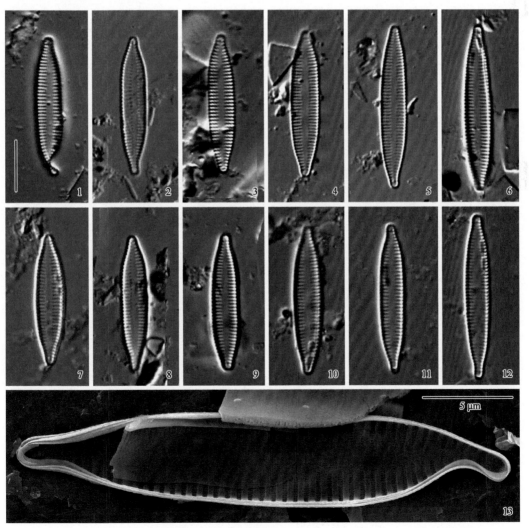

图版 24　簇生平格藻 *Tabularia fasiculata*

1 ～ 12. 光镜照片，壳面观，标尺 =10 μm；13. 电镜照片，内壳面观

11. 肘形藻属 *Ulnaria* (Kützing) Compère 2001

壳面长披针形至线形，中部向两端逐渐狭窄，末端钝圆。中轴区线形。唇形突通常位于壳面近末端处；壳面两末端壳套处具近似眼斑状的顶孔区。带面长方形。

该属在汉江共发现 1 种。

（20）肘状肘形藻 *Ulnaria ulna* (Nitzsch) Compère　图版 25: 1 ～ 6; 26: 1 ～ 8

鉴定文献： Bey and Ector 2013, p. 291, Figs. 1 ～ 13.

特征描述： 壳面线形披针形，向两端变狭，末端延长呈头状，长 127 ～ 169 μm，宽 7 ～ 9 μm。中轴区窄线形，中央区横矩形。壳面两端各具 1 个唇形突；顶孔区位于末端壳套面。横线纹由 2 列小圆形点纹组成，靠近壳面末端仅有 1 列点纹组成，近平行排列，10 μm 内有 8 ～ 10 条。

采样点： H9、H15、H19、H28、H29、H30、H34、B10、B11。

分布： 湑水河、堰河、池河、旬河、蜀河、汉江（蜀河镇）、将军河、褒河。

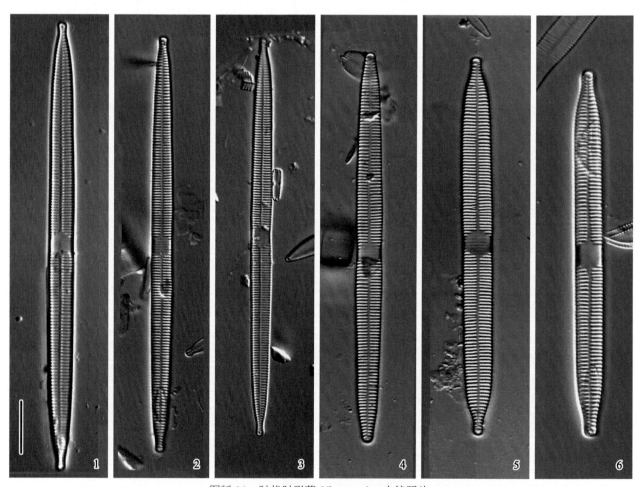

图版 25　肘状肘形藻 *Ulnaria ulna* 光镜照片
1 ～ 6. 壳面观，标尺 =10 μm

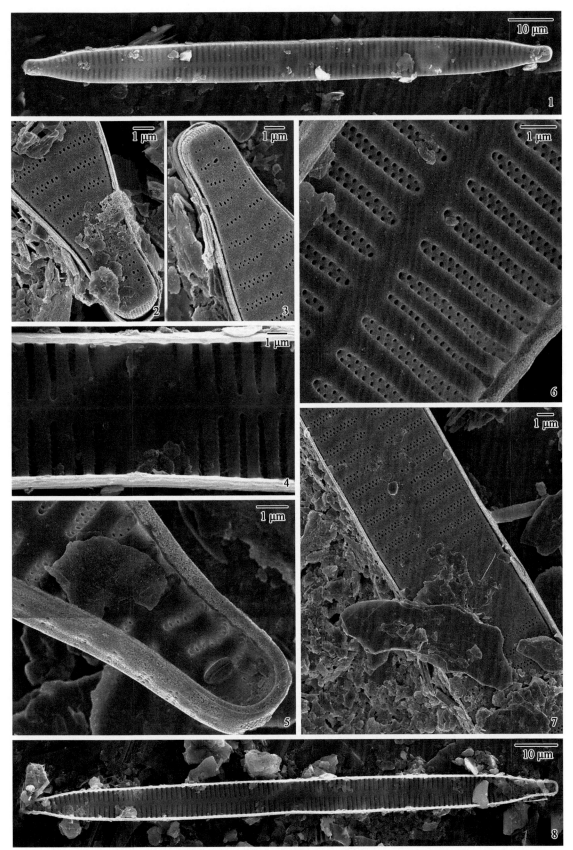

图版 26　肘状肘形藻 *Ulnaria ulna* 电镜照片
外壳面观：1. 外壳面整体；2. 点纹及顶孔区；3. 唇形突及点纹；7. 双列点纹。
内壳面观：4. 中央区；5. 唇形突；6. 双列点纹；8. 内壳面整体

硅藻纲 Bacillariophyceae

六、桥弯藻目 Cymbellales

（八）桥弯藻科 Cymbellaceae

12. 桥弯藻属 *Cymbella* Agardh 1830

壳面新月形或弓形，具明显的背腹之分。壳缝位于壳面近中部，远缝端弯向壳面背缘，中央区腹侧通常具 1 个至多个孤点。横线纹多由单列点纹组成。壳面两末端具顶孔区。

本属在汉江共发现 8 种。

（21）近缘桥弯藻 *Cymbella affinis* Kützing　　图版 27: 1 ～ 10; 28: 1 ～ 6

鉴定文献: Krammer 2002, p. 234, pl. 22, Fig. 22: 1 ～ 7, 14 ～ 18.

特征描述: 壳面披针形，具明显背腹之分，长 35.3 ～ 40.5 μm，宽 10.6 ～ 12.7 μm。中轴区窄；中央区近椭圆形，腹侧具 1 ～ 3 个孤点。横线纹略放射状排列，10 μm 内线纹有 9 ～ 10 条。

采样点: H1、H5、H7、H9、H10、H11、H14、H15、H17、H19、H22、H24、H27、H28、H30、H33、H34、B3、C3、C7、J1、J3、J7、J10、Q3、Q4。

分布: 老灌河、金水河、酉水河、湑水河、汉江（城固县）、汉江（汉中市）、沮水、堰河、牧马河、池河、月河、黄洋河、汉江（旬阳县）、旬河、汉江（蜀河镇）、汉江（羊尾镇）、将军河、金水河、褒河、堵河、金钱河。

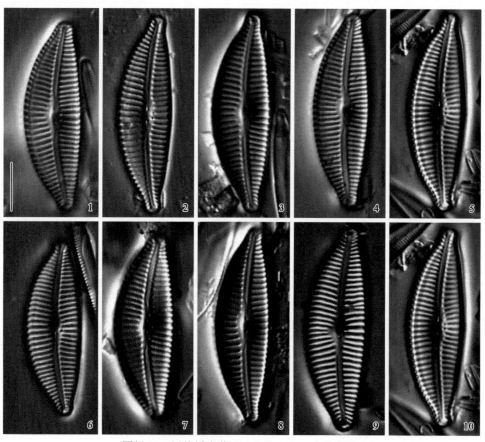

图版 27　近缘桥弯藻 *Cymbella affinis* 光镜照片

1 ～ 10. 壳面观，标尺 =10 μm

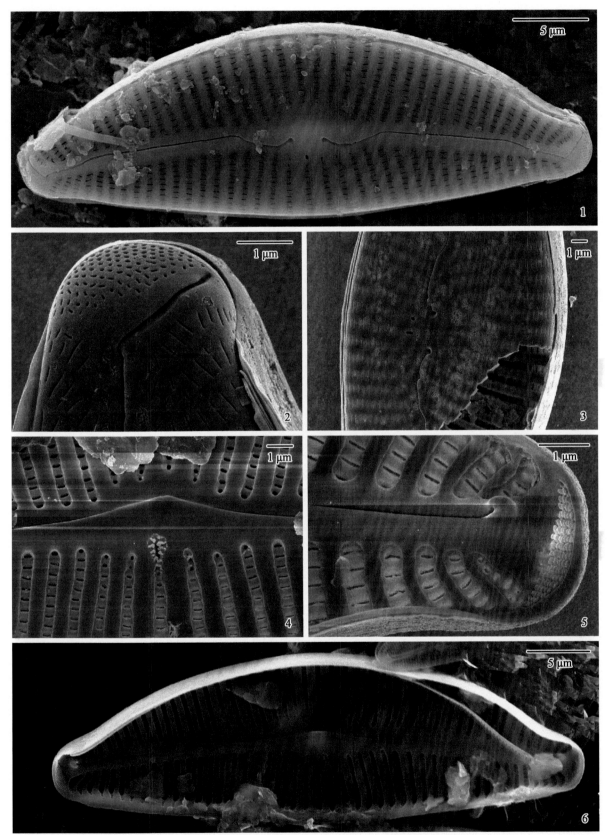

图版 28 近缘桥弯藻 *Cymbella affinis* 电镜照片
外壳面观：1. 外壳面整体；2. 顶孔区；3. 壳面中部，示近缝端及孤点。
内壳面观：4. 孤点内壳面开口；5. 螺旋舌及顶孔区；6. 内壳面整体

（22）切断桥弯藻 *Cymbella excisa* Kützing 图版 29: 1 ～ 10; 30: 1 ～ 6

鉴定文献：Krammer 2002, p. 206, Fig. 8: 1 ～ 26.

特征描述：壳面披针形，具明显背腹之分，腹缘近平直，背缘凸起，末端延长呈头状，长 29.3 ～ 36.8 μm，宽 8.3 ～ 9.7 μm。壳缝位于近壳面中部，靠近近缝端壳缝反曲，远缝端壳缝弯向壳面背缘。中轴区窄线形；中央区膨大不明显，腹侧具 1 个孤点，孤点外壳面开口近短裂缝状，内壳面开口短裂缝状，周围具齿状突起。横线纹由单列短裂缝状点纹组成，在壳面中部近平行排列，靠近末端略放射状排列，10 μm 内线纹有9 ～ 10 条。

采样点：H10、H11、H13、H15、H17、H22、H27、H28、H30、C7、J4、J10。

分布：汉江（城固县）、汉江（汉中市）、汉江（勉县）、堰河、牧马河、月河、汉江（旬阳县）、旬河、汉江（蜀河镇）、金水河、堵河。

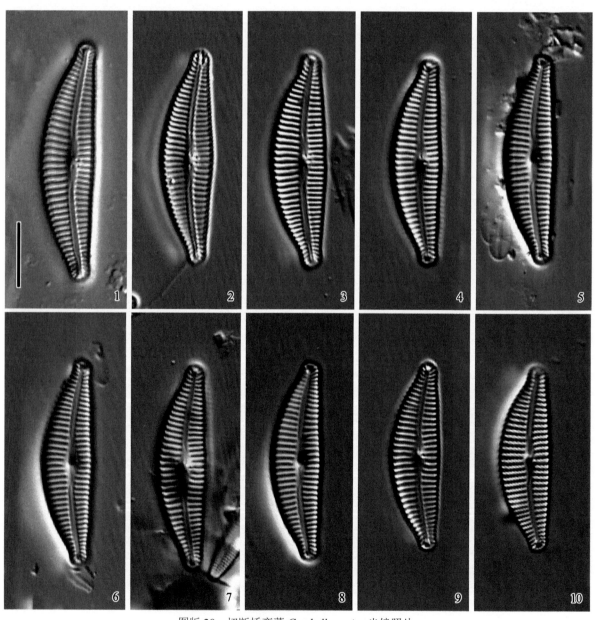

图版 29　切断桥弯藻 *Cymbella excisa* 光镜照片

1 ～ 10. 壳面观，标尺 =10 μm

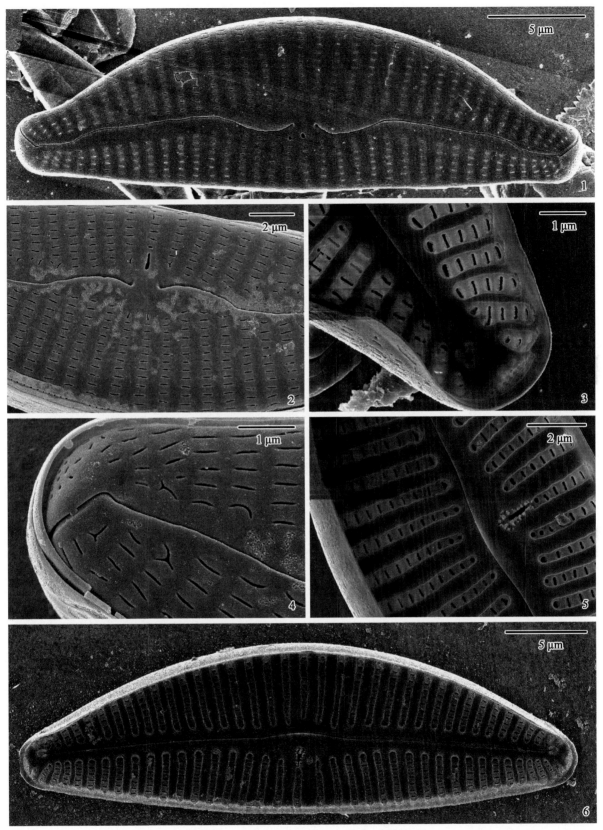

图版 30 切断桥弯藻 *Cymbella excisa* 电镜照片
外壳面观：1. 外壳面整体；2. 近缝端及孤点；4. 远缝端及顶孔区。
内壳面观：3. 螺旋舌及顶孔区；5. 近缝端及孤点；6. 内壳面整体

（23）奥赫里德桥弯藻 *Cymbella ohridana* **Levkov and Krstic**（新拟）　图版 31: 1～5

鉴定文献：Levkov et al. 2007, p. 434, Fig. 140: 1～8.

特征描述：壳面披针形，具背腹之分，腹缘中部略膨大，背缘弓形，末端宽圆，长 56～57.3 μm，宽 17.3～18 μm。壳缝位于近壳面中部。中轴区线形；中央区长椭圆形，腹侧具多个孤点，外壳面开口近圆形。顶孔区点纹小圆形，密集。横线纹呈纵向短裂缝状，略放射状排列，10 μm 内线纹有 8～9 条。

采样点：H13、B10。

分布：汉江（勉县）、褒河。

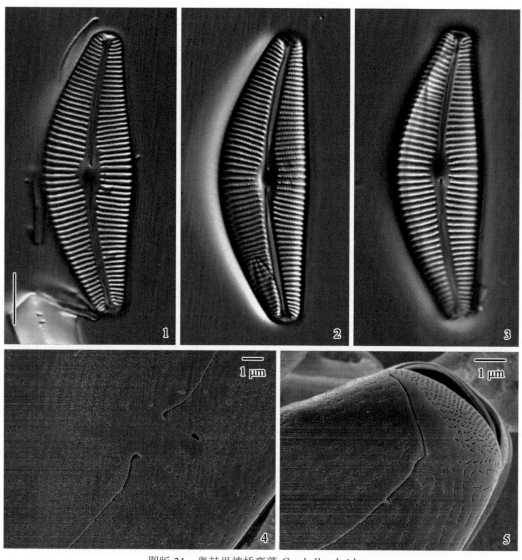

图版 31　奥赫里德桥弯藻 *Cymbella ohridana*

1～3. 光镜照片，壳面观，标尺 =10 μm。4～5. 电镜照片，外壳面观：4. 近缝端及孤点；5. 远缝端及顶孔区

（24）极变异桥弯藻 *Cymbella pervarians* Krammer（新拟）　图版 32: 1 ～ 3; 33: 1 ～ 6

鉴定文献： Krammer 2002, p. 268, Fig. 39: 8 ～ 18.

特征描述： 壳面线状披针形，具背腹之分，末端亚头状，长 55.3 ～ 59.3 μm, 宽 10.6 ～ 12.7 μm。中轴区狭，线形；中央不明显，腹侧具 1 ～ 2 个孤点，外壳面开口近圆形，内壳面开口具齿状突起环绕一周，短裂缝状。横线纹由单列纵向短裂缝状点纹组成，在壳面中部近平行排列，末端略放射状排列，10 μm 内线纹有 7 ～ 9 条。

采样点： H5、H7、H17、J4、Q8。

分布： 金水河、酉水河、牧马河、金钱河。

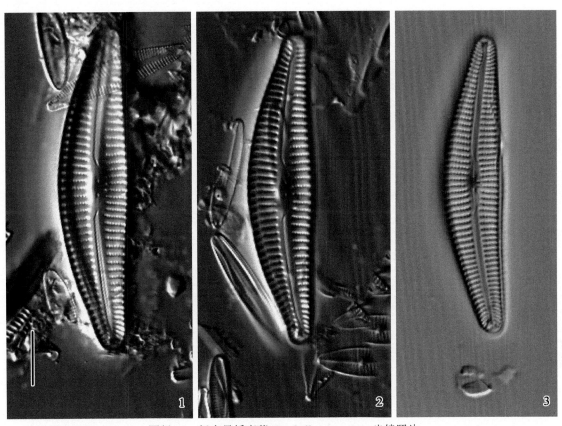

图版 32　极变异桥弯藻 *Cymbella pervarians* 光镜照片

1 ～ 3. 壳面观，标尺 =10 μm

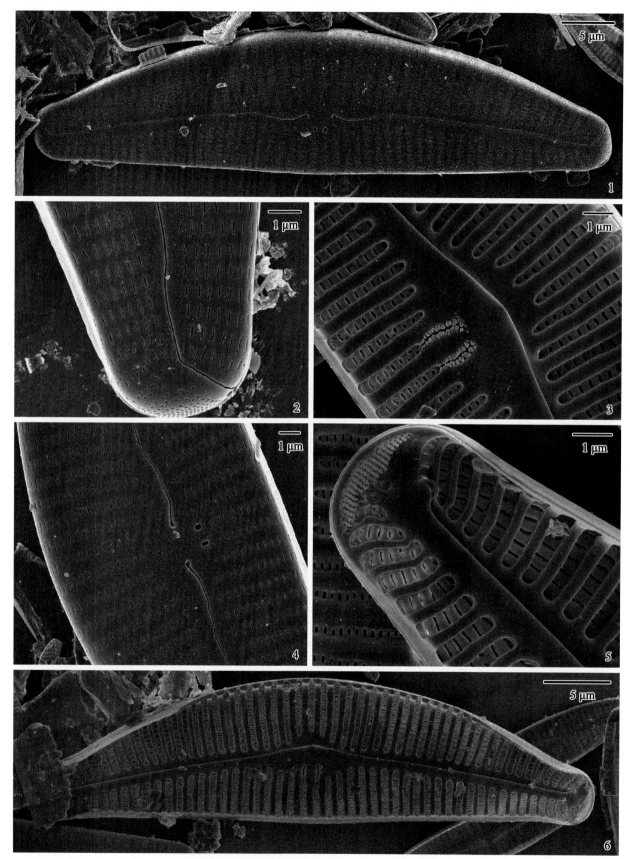

图版 33　极变异桥弯藻 *Cymbella pervarians* 电镜照片

外壳面观：1.外壳面整体；2.远缝端及顶孔区；4.近缝端及中央区孤点。

内壳面观：3.近缝端及孤点；5.螺旋舌及顶孔区；6.内壳面整体

（25）近胀大桥弯藻 *Cymbella subturgidula* Krammer（新拟）　图版 34: 1 ～ 10

鉴定文献：Krammer 2002, p. 278, Fig. 44: 19 ～ 21.

特征描述：壳面线状披针形，具背腹之分，末端宽圆，长 33.3 ～ 45 μm，宽 10.3 ～ 11.8 μm。中轴区狭，线形；中央区小圆形，腹侧具 2 个孤点。横线纹在壳面中部近平行排列，末端略放射状排列，10 μm 内线纹有 10 ～ 12 条。

采样点：H34、J4、J10、Q4、Q8。

分布：将军河、金水河、金钱河。

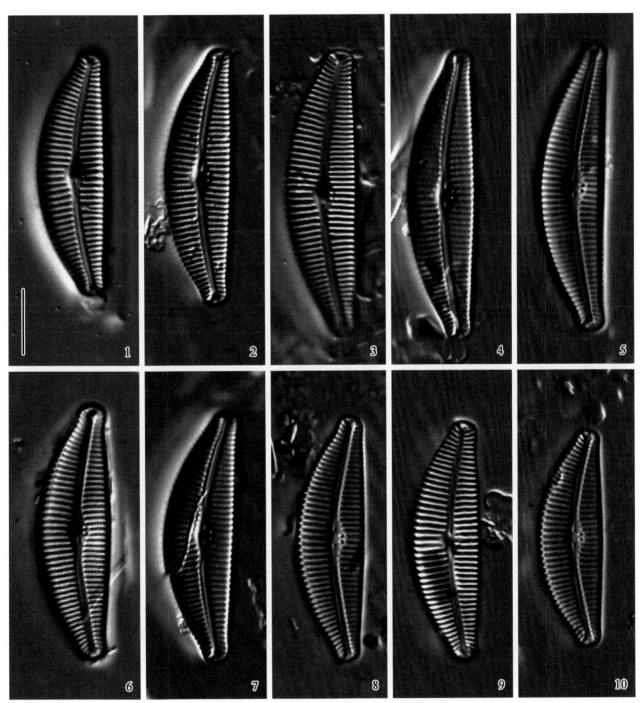

图版 34　近胀大桥弯藻 *Cymbella subturgidula* 光镜照片

1 ～ 10. 壳面观，标尺 =10 μm

（26）热带桥弯藻 *Cymbella tropica* **Krammer**　　图版 35: 1 ～ 10; 36: 1 ～ 6

鉴定文献：Krammer 2002, p. 278, Fig. 44: 1 ～ 10.

特征描述：壳面宽披针形，具背腹之分，末端亚喙状，长 31.1 ～ 38.9 μm，宽 9.7 ～ 10.9 μm。中轴区狭，线形；中央区较中轴区略宽，小圆形，腹侧具 1 ～ 2 个孤点，外壳面开口近长圆形，内壳面开口具齿状突起环绕一周，近水滴形。横线纹由单列短裂缝点纹组成，略放射状排列，10 μm 内线纹有 6 ～ 10 条。

采样点：H13、H15、H19、H22、H27、H28、C7、Q3、Q8、J4。

分布：汉江（勉县）、堰河、池河、月河、汉江（旬阳县）、旬河、堵河、金钱河。

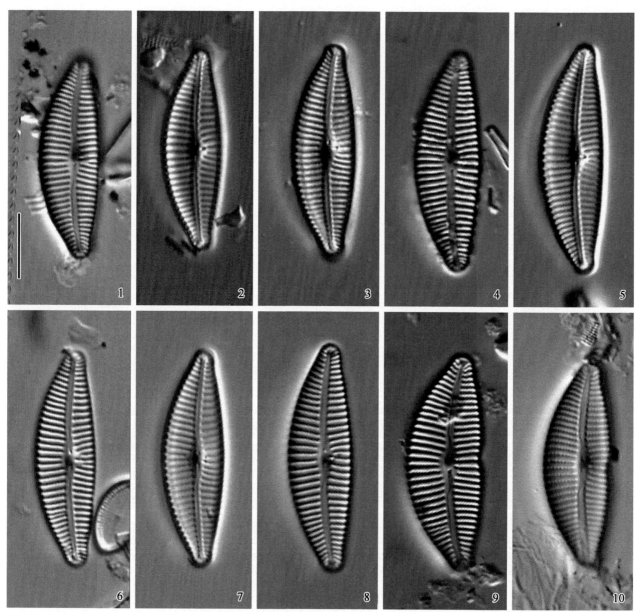

图版 35　热带桥弯藻 *Cymbella tropica* 光镜照片

1 ～ 10. 壳面观，标尺 =10 μm

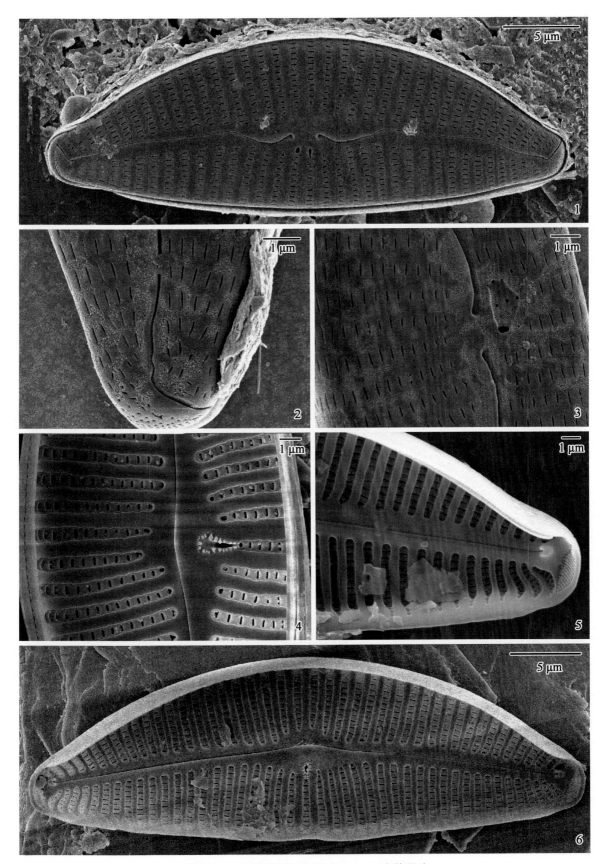

图版 36　热带桥弯藻 *Cymbella tropica* 电镜照片
外壳面观：1. 外壳面整体；2. 远缝端及顶孔区；3. 近缝端及孤点。
内壳面观：4. 近缝端及孤点；5. 螺旋舌及顶孔；6. 内壳面整体

（27）膨胀桥弯藻 *Cymbella tumida* (Brébisson and Kützing) Van Heurck   图版 37: 1 ～ 5

鉴定文献：Krammer 2002, p. 514, Fig. 162: 1 ～ 8.

特征描述：壳面具明显背腹之分，末端突出呈头状，长 53.8 ～ 58.9 μm，宽 16.5 ～ 17.3 μm。中轴区狭，拱形；中央区较大，菱形至近圆形，腹侧具 1 个孤点，外壳面开口小圆形。横线纹由单列短裂缝状点纹组成，在中部放射状排列，向两端趋于平行，10 μm 内线纹有 11 ～ 13 条。

采样点：H10、H11、H19、H28、Q3、Q4。

分布：汉江（城固县）、汉江（汉中市）、池河、旬河、金钱河。

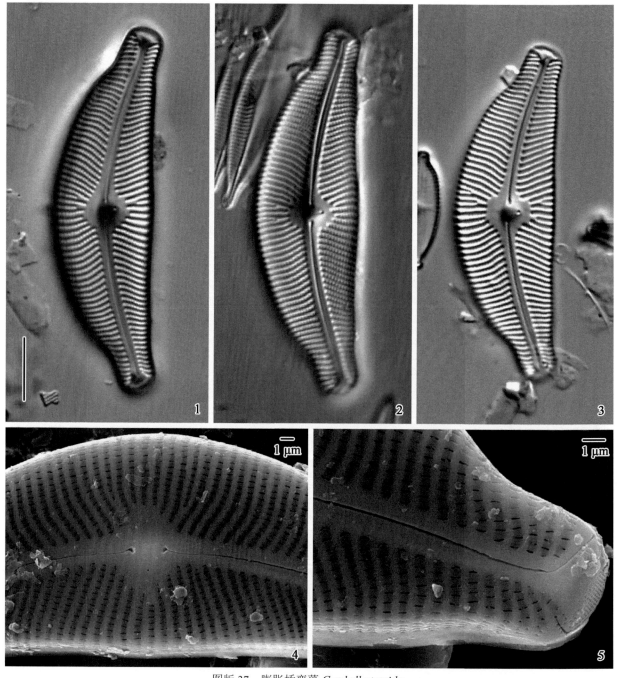

图版 37　膨胀桥弯藻 *Cymbella tumida*

1 ～ 3. 光镜照片，壳面观，标尺 =10 μm。4 ～ 5. 电镜照片，外壳面观：

4. 近缝端及孤点；5. 远缝端及顶孔区

（28）**膨胀形桥弯藻** *Cymbella turgiduliformis* **Krammer** 　图版 38: 1 ～ 5

鉴定文献：Krammer 2002, p. 284, Fig. 47: 1 ～ 5.

特征描述：壳面宽披针形，具明显背腹之分，长 50.1 ～ 58.2 μm，宽 16 ～ 16.5 μm。中轴区窄线形；中央区较小，近圆形，腹侧具 4 ～ 5 个孤点，外壳面开口近长圆形。横线纹由单列短裂缝状点纹组成，略放射状排列，10 μm 内线纹有 7 ～ 8 条。

采样点：H5、H14、H19、H24、Q3、Q4。

分布：金水河、沮水、池河、黄洋河、金钱河。

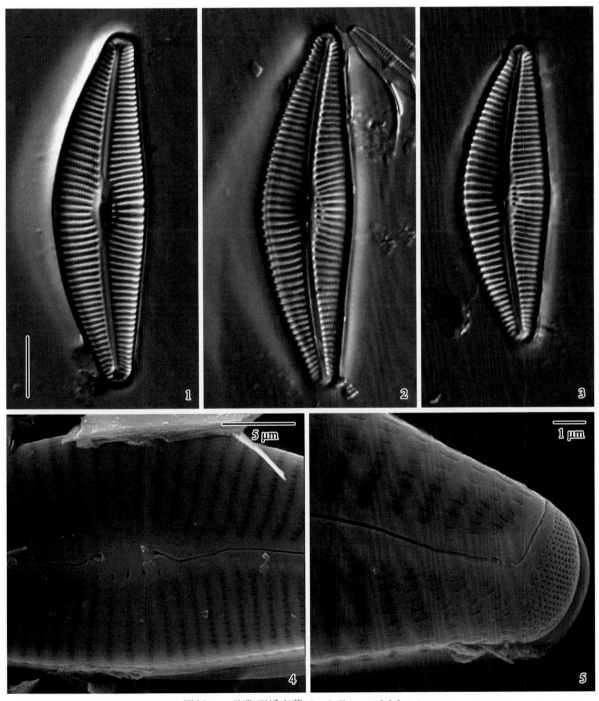

图版 38　膨胀形桥弯藻 *Cymbella turgiduliformis*

1 ～ 3. 光镜照片，壳面观，标尺 =10 μm。4 ～ 5. 电镜照片，外壳面观：4. 近缝端及孤点；5. 远缝端及顶孔区

（九）异极藻科 Gomphonemaceae

13. 优美藻属 *Delicatophycus* Wynne 2019

壳面近披针形，略具背腹之分。壳缝位于近壳面中部，远缝端弯向背侧。中央区无孤点；壳面末端无顶孔区。

本属在汉江共发现 2 种。

（29）优美藻 *Delicatophycus delicatulus* (Kützing) Wynne　图版 39: 1 ～ 12; 40: 1 ～ 6

鉴定文献：Krammer 2003, p. 448, Fig. 129: 1 ～ 30; Wynne 2019, p. 1.

特征描述：壳面狭披针形，具背腹之分，末端略延长尖圆，长 26.4 ～ 30.7 μm，宽 4.6 ～ 5.7 μm。壳缝位于近壳面中部。中轴区窄。中央区近矩形，两侧不对称，背缘延伸至壳缘，或具 2 ～ 3 条短线纹。点纹外壳面开口短波浪状，内壳面开口小圆形，略放射状排列，10 μm 内有 13 ～ 20 条。

采样点：H1、H5、H7、H11、H13、H15、H22、H34、B7、B10、B11、C7、J1、J4、J10、Q3、Q4、Q8。

分布：老灌河、酉水河、汉江（汉中市）、汉江（勉县）、堰河、月河、将军河、褒河、堵河、金水河、金钱河。

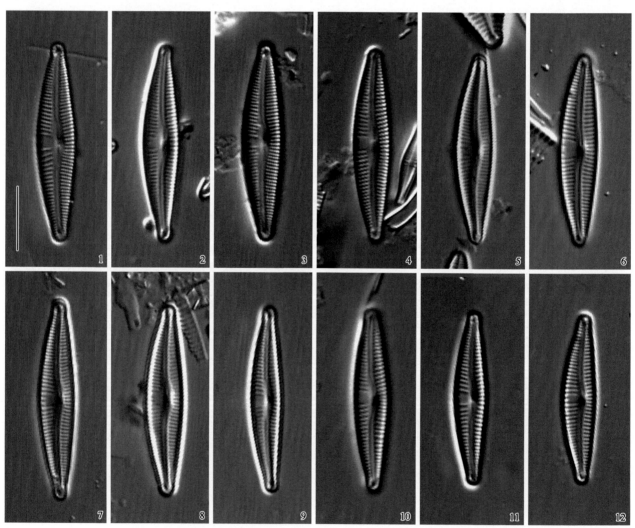

图版 39　优美藻 *Delicatophycus delicatulus* 光镜照片

1 ～ 12. 壳面观，标尺 =10 μm

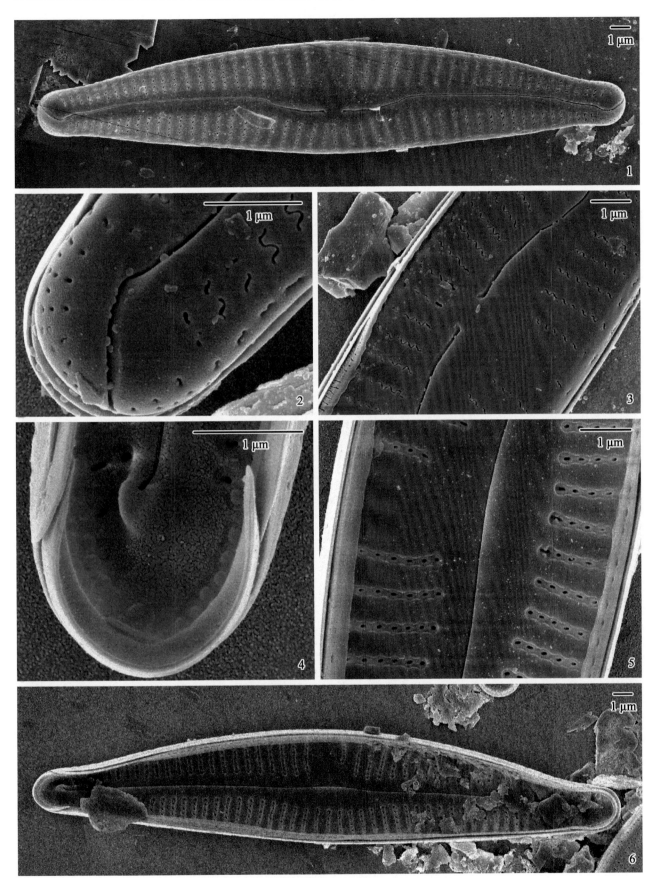

图版 40　优美藻 *Delicatophycus delicatulus* 电镜照片

外壳面观：1. 外壳面整体；2. 远缝端；3. 近缝端及中央区。

内壳面观：4. 壳面末端螺旋舌；5. 近缝端；6. 内壳面整体

（30）维里那优美藻 *Delicatophycus verena* Wynne　　图版 41: 1 ～ 12; 42: 1 ～ 6

鉴定文献：Krammer 2003, p. 464, Fig. 137: 1 ～ 9; Wynne 2019, p. 1.

特征描述：壳面狭披针形，略微具背腹之分，两端延长呈亚喙状，长 31.8 ～ 38.9 μm，宽 6.5 ～ 7.5 μm。壳缝直，远缝端弯向背缘，近缝端反曲。中轴区窄；中央区不明显，两侧不对称。横线纹由单列点纹组成，点纹外壳面开口短波浪状，内壳面开口近长圆形，呈放射状排列，10 μm 内线纹有 12 ～ 17 条。壳面末端具小圆形点纹，内壳面开口具膜覆盖。

采样点：H11、H22、H28、H29、H34、B7、B10、B11、C7、J1、J4、J7、J10。

分布：汉江（汉中市）、月河、旬河、蜀河、将军河、褒河、堵河、金水河。

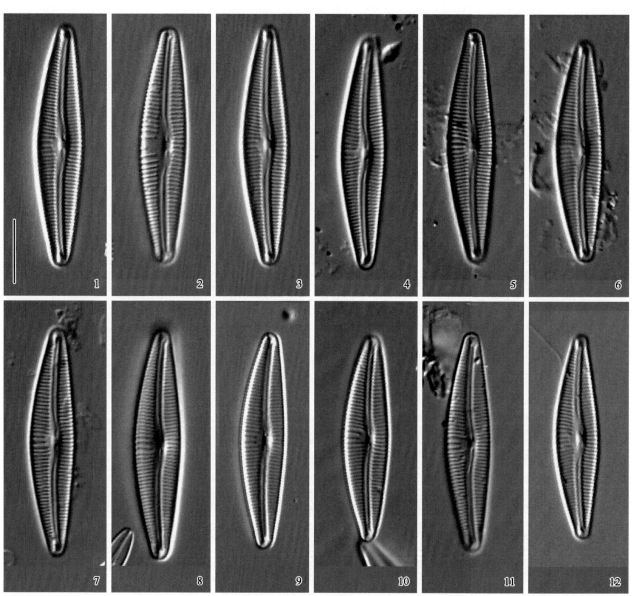

图版 41　维里那优美藻 *Delicatophycus verena* 光镜照片

1 ～ 12. 壳面观，标尺 =10 μm

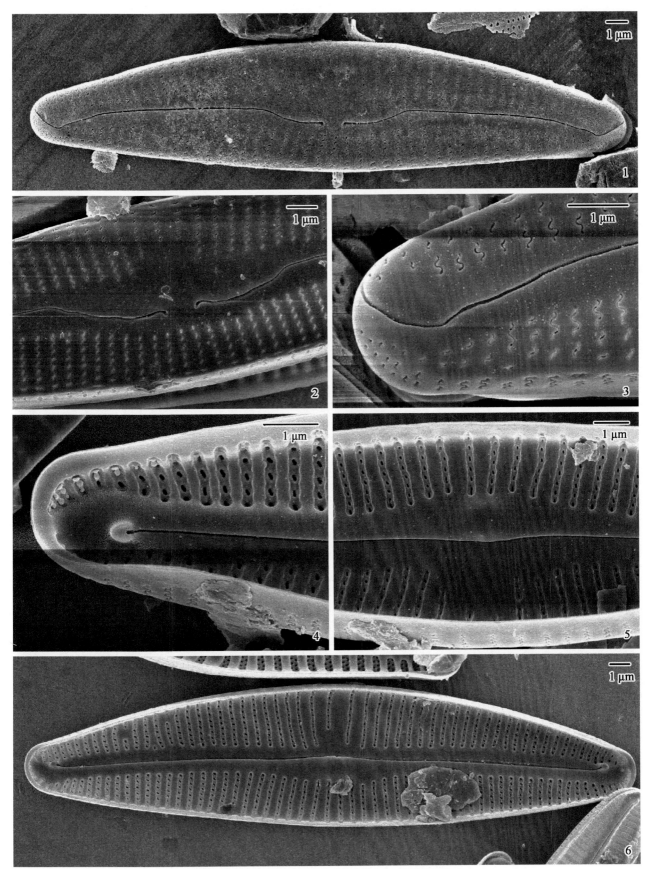

图版 42　维里那优美藻 *Delicatophycus verena* 电镜照片

外壳面观：1. 外壳面整体；2. 近缝端及中央区；3. 远缝端。

内壳面观：4. 螺旋舌；5. 近缝端；6. 内壳面整体

14. 内丝藻属 *Encyonema* Kützing 1834

壳面明显呈半月形，具明显的背腹之分，腹侧通常近平直，背侧明显弯曲。壳缝直，位于近腹缘处，远缝端弯向腹侧；中央区背侧通常具 1 个孤点。横线纹多由单列点纹组成。壳面无顶孔区。

本属在汉江共发现 4 种。

（31）阿巴拉契亚内丝藻 *Encyonema appalachianum* Potapova　图版 43: 1 ～ 12; 44: 1 ～ 6

鉴定文献： Potapova 2014, p. 116, Figs. 1 ～ 12.

特征描述： 壳面近舟形，两侧略不对称，末端宽圆，长 25.1 ～ 33.5 μm，宽 6.5 ～ 7.3 μm。壳缝位于近壳面中部，近缝端略膨大，远缝端镰刀形，弯向背侧；中轴区窄线形，中央区两侧不对称，一侧具缩短的线纹。横线纹由单列短裂缝状点纹组成，近平行排列，10 μm 内有 8 ～ 10 条。

采样点： H5、H7、H9、H11、H13、H14、H15、H17、H19、H22、H24、H27、H28、H29、H34、B7、B10、C3、C7、J1、J3、J10、Q3、Q4、Q8。

分布： 酉水河、湑水河、汉江（汉中市）、汉江（勉县）、沮水、堰河、牧马河、池河、月河、黄洋河、汉江（旬阳县）、旬河、蜀河、将军河、褒河、堵河、金水河、金钱河。

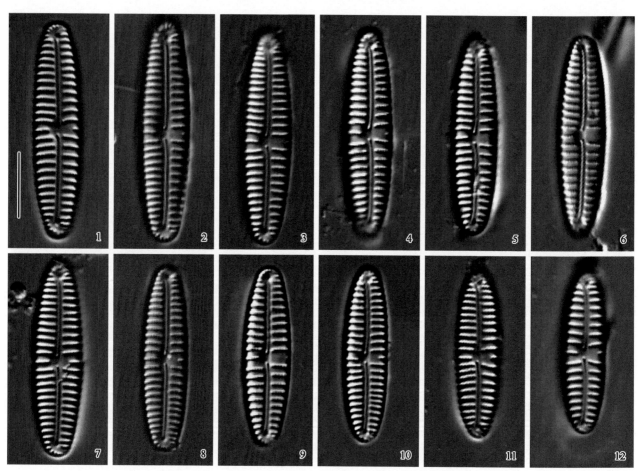

图版 43　阿巴拉契亚内丝藻 *Encyonema appalachianum* 光镜照片

1 ～ 12. 壳面观，标尺 =10 μm

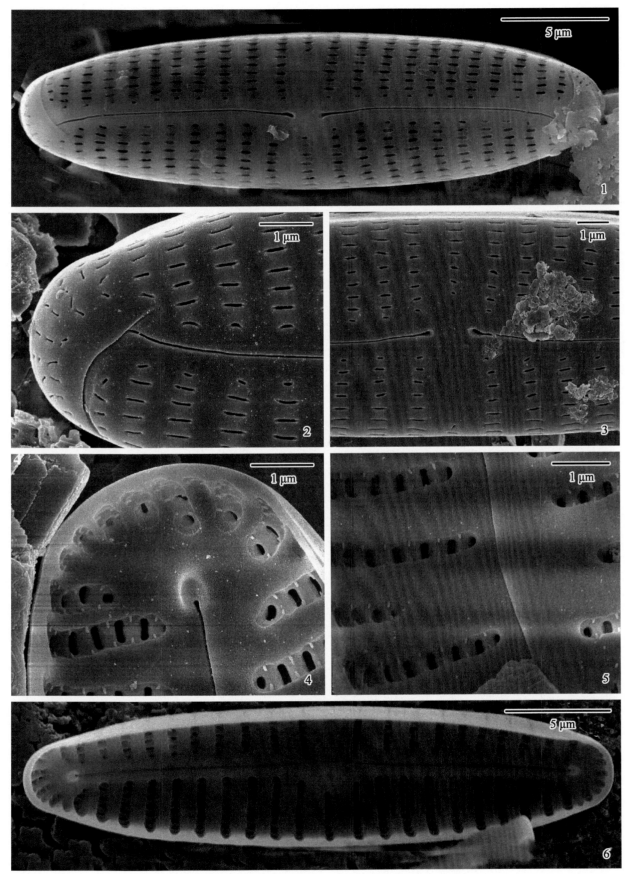

图版 44 阿巴拉契亚内丝藻 *Encyonema appalachianum* 电镜照片
外壳面观: 1. 外壳面整体; 2. 壳面末端, 示远缝端; 3. 壳面中部, 示近缝端。
内壳面观: 4. 壳面末端, 示螺旋舌; 5. 壳面中部, 示近缝端; 6. 内壳面整体

（32）簇生内丝藻 *Encyonema caespitosum* Kützing　　图版 45: 1 ～ 6; 46: 1 ～ 4

鉴定文献：Bey and Ector 2013, p. 831, Figs. 1 ～ 16.

特征描述：壳面半月形，具明显的背腹之分，腹缘中部略膨大，背缘弯曲强烈拱起，末端略延长偏向腹侧，呈尖圆形，长 30.5 ～ 42.3 μm，宽 10.1 ～ 16.1 μm。壳缝位于近壳面中部，近缝端略膨大，内壳面观近缝端钩状，弯曲腹缘，远缝端弯向背侧；中轴区线形；中央区不明显。横线纹由单列短裂缝状点纹组成，略呈放射状排列，10 μm 内有 8 ～ 9 条。

采样点：H11、H13、J10、C3、C7、Q4、Q8。

分布：汉江（汉中市）、汉江（勉县）、金水河、堵河、金钱河。

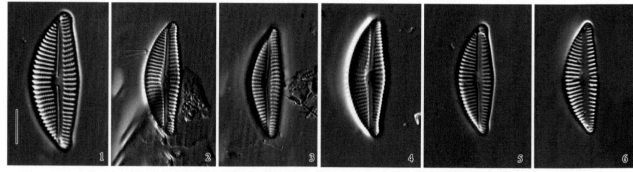

图版 45　簇生内丝藻 *Encyonema caespitosum* 光镜照片

1 ～ 6. 壳面观，标尺 =10 μm

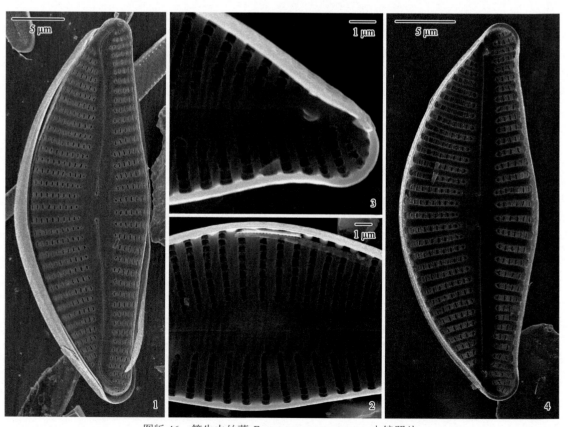

图版 46　簇生内丝藻 *Encyonema caespitosum* 电镜照片

1. 外壳面观。2 ～ 4. 内壳面观；2. 壳面中部，示近缝端；3. 壳面末端，示螺旋舌；4. 内壳面整体

（33）隐内丝藻 *Encyonema latens* (Krasske) Mann 图版 47: 1 ～ 18; 48: 1 ～ 3

鉴定文献: Krammer and Lange-Bertalot 1997a, p. 106, Fig. 32: 1 ～ 8.

特征描述: 壳面半月形, 背缘弯曲, 腹缘近平直或中部略凸起, 末端延长呈近小头状, 长 15.8 ～ 18.5 μm, 宽 5.7 ～ 6.1 μm。壳缝位于近壳面腹缘, 近缝端略膨大, 远缝端弯向腹侧; 中轴区窄线形; 中央区不明显, 背侧具 1 个孤点, 孤点外壳面开口小圆形。横线纹由单列短裂缝状点纹组成, 近平行排列, 10 μm 内有 12 ～ 14 条。

采样点: H5、H7、H9、H11、H13、H14、H17、H19、H22、H24、H27、H29、B3、B7、B10、B11、C3、C7、J4、J9、J10、Q3、Q8。

分布: 金水河、酉水河、湑水河、汉江（汉中市）、汉江（勉县）、沮水、牧马河、池河、月河、黄洋河、汉江（旬阳县）、蜀河、褒河、堵河、金钱河。

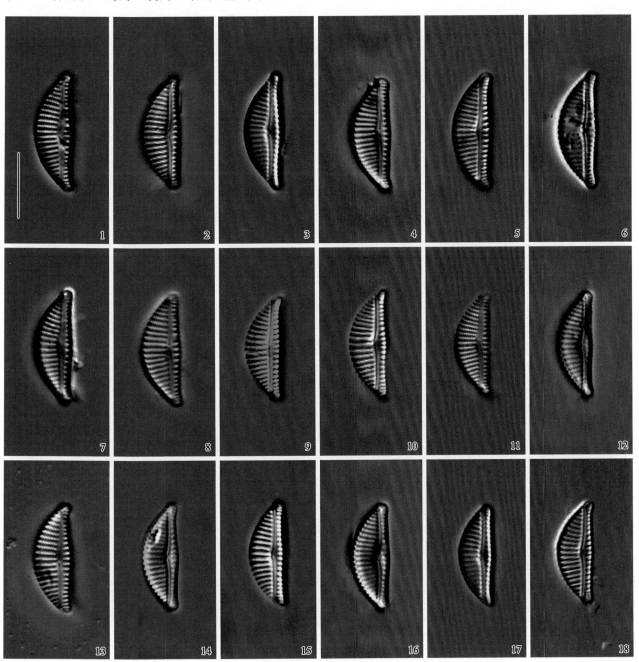

图版 47 隐内丝藻 *Encyonema latens* 光镜照片

1 ～ 18. 壳面观, 标尺 =10 μm

图版 48　隐内丝藻 *Encyonema latens* 电镜照片

1～2. 外壳面观；3. 内壳面观

（34）平卧内丝藻 *Encyonema prostratum* (Berkeley) Kützing　　图版 49: 1 ～ 4

鉴定文献： Krammer and Lange-Bertalot 1997a, p. 38, Fig. 115: 1 ～ 5.

特征描述： 壳面近半月形，具明显的背腹之分，腹侧近平直或中部略膨大，背侧弓形，末端略延长呈近头状，长 51.5 ～ 63.9 μm，宽 17.7 ～ 19.2 μm。壳缝位于近壳面中部，近缝端弯向背侧，远缝端弯向腹侧；中轴区窄线形；中央区近长椭圆形，两侧不对称。横线纹由单列点纹组成，在壳面中部放射排列，靠近末端略会聚，10 μm 内有 8 ～ 10 条。

采样点： H7、H15、H17。

分布： 酉水河、堰河、牧马河。

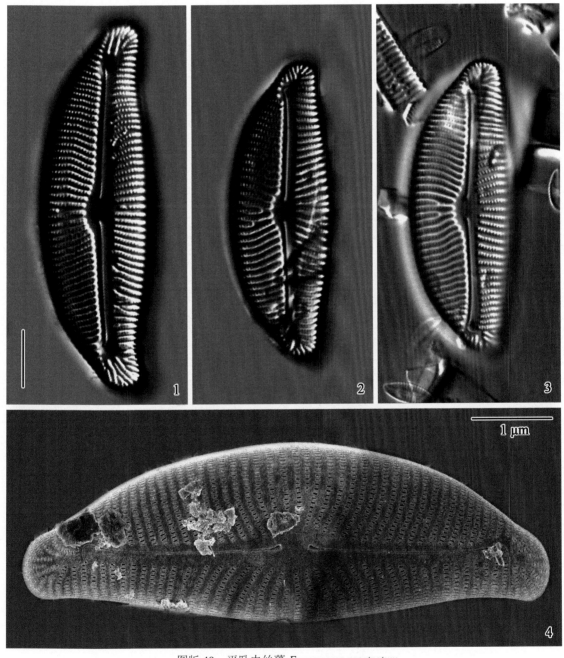

图版 49　平卧内丝藻 *Encyonema prostratum*

1 ～ 3. 光镜照片，壳面观，标尺 =10 μm；4. 电镜照片，外壳面观

15. 拟内丝藻属 *Encyonopsis* Krammer 1997

细胞常单生。壳面略具背腹之分，呈舟形、线状或披针形，末端延长呈头状或喙状。壳缝直，远缝端弯向壳面腹缘，中央区无孤点，末端无顶孔区。

本属在汉江共发现 1 种。

（35）微小拟内丝藻 *Encyonopsis minuta* Krammer and Reichardt　　图版 50: 1 ～ 8; 51: 1 ～ 3

鉴定文献：Krammer and Lange-Bertalot 1997b, p. 338, Fig. 144: 1 ～ 11.

特征描述：壳面呈舟形，略具背腹之分，顶端延长呈头状，长 13.8 ～ 14.4 μm，宽 3.6 ～ 3.8 μm。壳缝直，远缝端弯向壳面腹缘；中轴区狭，中央区较小。横线纹由小圆形点纹组成，在壳面中心近平行排列，向顶端呈放射状，在 10 μm 内线纹有 24 ～ 26 条。

采样点：Q8、J10。

分布：金钱河、金水河。

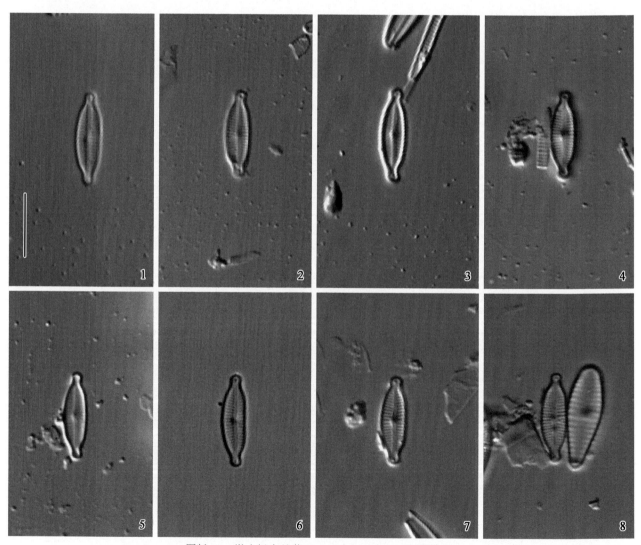

图版 50　微小拟内丝藻 *Encyonopsis minuta* 光镜照片

1 ～ 8. 壳面观，标尺 =10 μm

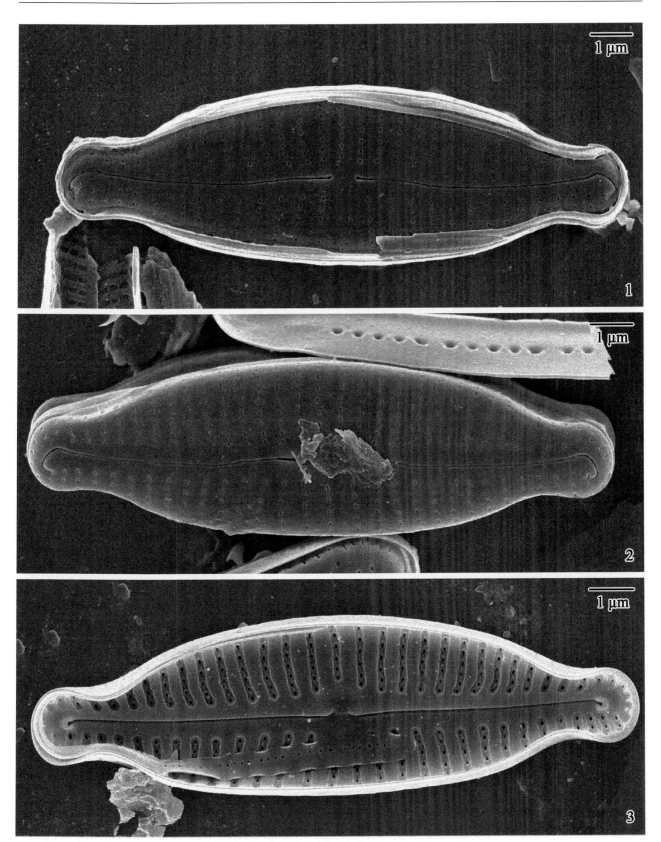

图版 51   微小拟内丝藻 *Encyonopsis minuta* 电镜照片
1 ～ 2. 外壳面观；3. 内壳面观

16. 异极藻属 *Gomphonema* Ehrenberg 1832

壳面呈棍棒形，上下不对称，左右两侧对称。上部多宽，下部相对狭。中轴区明显，壳缝长，直或弯曲。中央区明显，常具 1 个孤点横。横线纹由 1 ～ 2 列点纹组成，放射状或近平行状排列。壳面底端具顶孔区。

本属在汉江共发现 19 种。

（36）纤细型异极藻 *Gomphonema graciledictum* Reichardt（新拟） 图版 52: 1 ～ 7

鉴定文献：Levkov 2016, p. 232, Fig. 44: 1 ～ 25.

特征描述：壳面狭披针形至楔形，顶端略延长呈近头状，底端尖圆，长 40.3 ～ 51.7 μm，宽 9.2 ～ 9.7 μm。壳缝略波曲；中轴区窄；中央区两侧不对称，一侧具 1 个小圆形孤点，无孤点一侧有 1 条短线纹。横线纹近平行排列，10 μm 内线纹有 11 ～ 12 条。

采样点：H7、H9、H13、H15、H17、H19、H28、H34、J10、Q3、Q8。

分布：酉水河、湑水河、汉江（勉县）、堰河、牧马河、池河、旬河、将军河、金水河、金钱河。

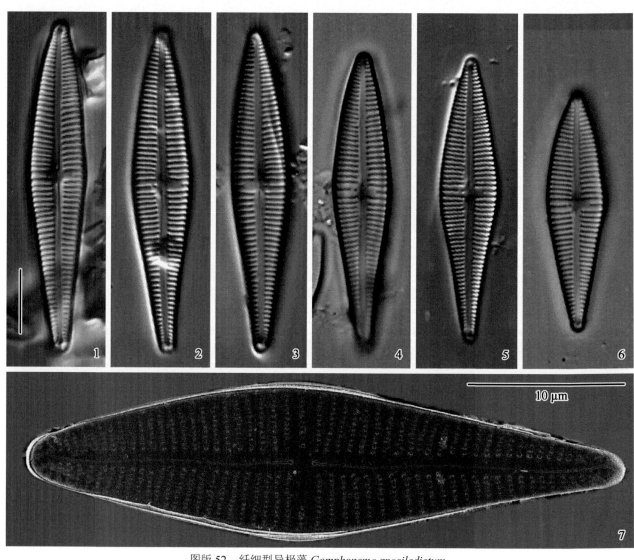

图版 52　纤细型异极藻 *Gomphonema graciledictum*

1 ～ 6. 光镜照片，壳面观，标尺 =10 μm；7. 电镜照片，外壳面观

（37）不等长异极藻 *Gomphonema inaequilongum* (Kobayasi) Kobayasi（新拟） 图版 53: 1 ～ 10; 54: 1 ～ 8

鉴定文献：Mayama et al. 2002, p. 89.

特征描述：壳面近棒形，顶端圆形，底端尖圆，长 28.6 ～ 38.7 μm，宽 4.9 ～ 7.7 μm。壳缝略波曲，近缝端略膨大，内壳面观近缝端末端钩状，弯向壳面同侧；中轴区宽，披针形，约占壳面宽度的 2/3；中央区具 1 个孤点，外壳面开口小圆形，内壳面开口短裂缝状。横线纹由单列短裂缝状点纹组成，近平行排列，10 μm 内有 12 ～ 14 条。

采样点：H1、H5、H7、H11、H17、H24、H34、B10、J2、J7、J10、Q3、Q4、Q8。

分布：老灌河、金水河、酉水河、汉江（汉中市）、牧马河、黄洋河、将军河、褒河、金钱河。

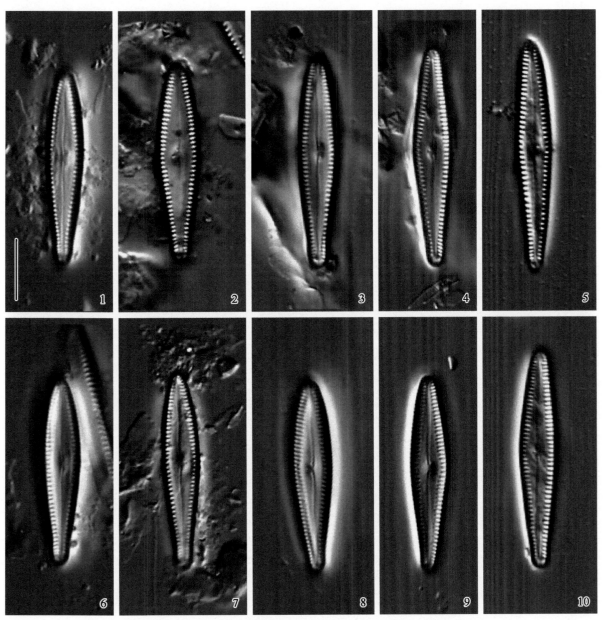

图版 53　不等长异极藻 *Gomphonema inaequilongum* 光镜照片

1 ～ 10. 壳面观，标尺 =10 μm

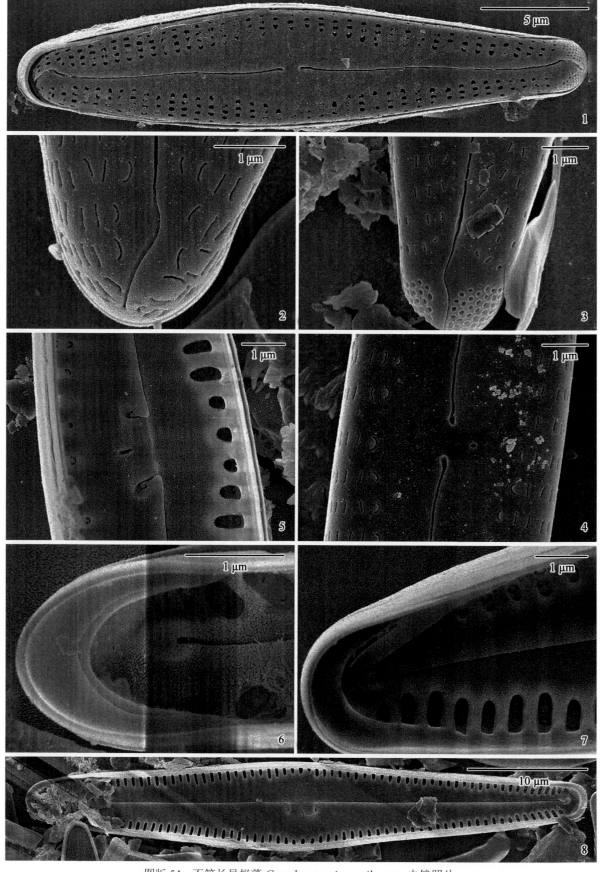

图版 54　不等长异极藻 *Gomphonema inaequilongum* 电镜照片

外壳面观：1. 外壳面整体；2. 壳面末端，示远缝端及点纹；3. 壳面末端，示顶孔区；4. 壳面中部，示近缝端及孤点。
内壳面观：5. 壳面中部，示近缝端及孤点；6. 壳面底端，示假隔膜和顶孔区；7. 壳面顶端，示假隔膜；8. 内壳面整体

（38）卡兹那科夫异极藻 *Gomphonema kaznakowi* Mereschkowsky　　图版 55: 1 ～ 6

鉴定文献：Li et al. 2006, p. 315, Figs. 43 ～ 113.

特征描述：壳面近棒形，顶端圆形，底端尖圆，长 44.5 ～ 49.4 μm，宽 7.9 ～ 9.8 μm。壳缝直，近缝端略膨大，近小圆形，远缝端略弯曲；中轴区窄线形；中央区两侧不对称，近矩形，一侧具 2 ～ 4 条短线纹。横线纹由单列小圆形点纹组成，近平行排列，10 μm 内有 9 ～ 10 条。

采样点：H9、H13、J4。

分布：湑水河、汉江（勉县）、金水河。

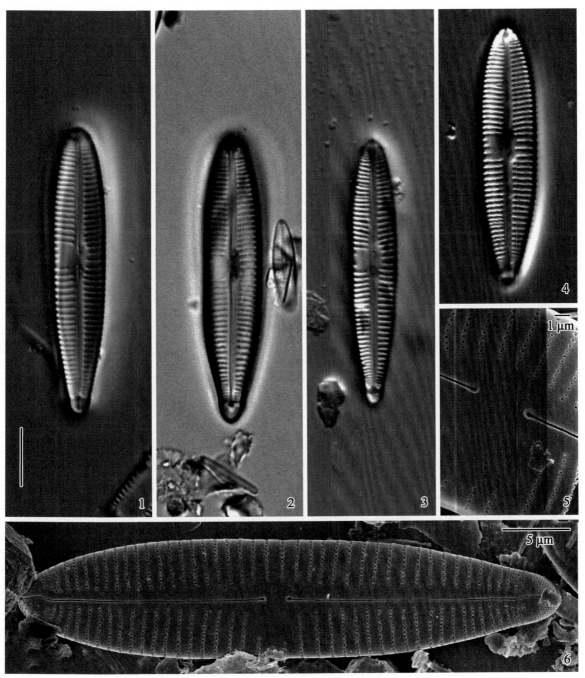

图版 55　卡兹那科夫异极藻 *Gomphonema kaznakowi*

1 ～ 4. 光镜照片，壳面观，标尺 =10 μm。5 ～ 6. 电镜照片，外壳面观：
5. 壳面中部，示近缝端及中央区；6. 外壳面整体

（39）露珠异极藻 *Gomphonema irroratum* Hustedt（新拟）　图版 56: 1 ～ 8

鉴定文献: Levkov 2016, p. 484, Fig. 170: 1 ～ 9.

特征描述: 壳面线形披针形，顶端宽圆，底端尖圆，长 33.3 ～ 42.1 μm，宽 7.7 ～ 9 μm。中轴区窄线形；中央区较大，近矩形，具 1 个孤点。横线纹略放射状排列，10 μm 内线纹有 10 ～ 12 条。

采样点: H7、H9、H10、H17、H19、H22、H24、H28、H29、H30、H34、B11、J4、J7、J10、Q3、Q4。

分布: 酉水河、湑水河、汉江（城固县）、牧马河、池河、月河、黄洋河、旬河、蜀河、汉江（蜀河镇）、将军河、褒河、金水河、金钱河。

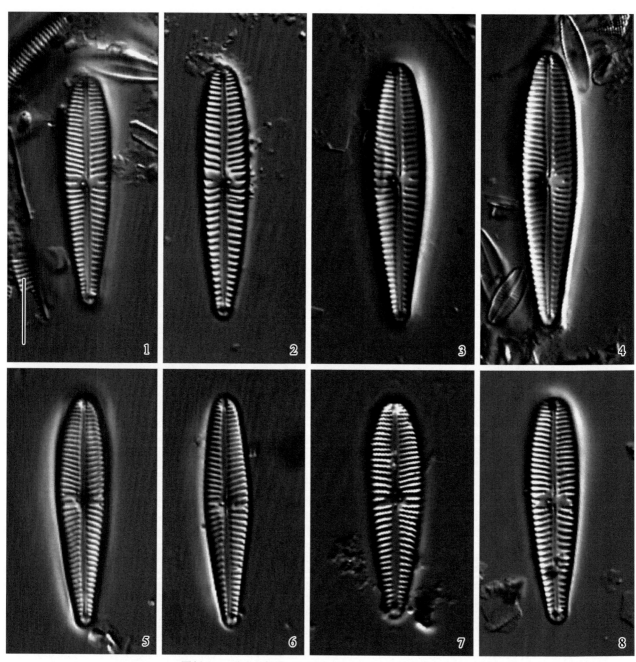

图版 56　露珠异极藻 *Gomphonema irroratum* 光镜照片

1 ～ 8. 壳面观，标尺 =10 μm

（40）宽颈异极藻 *Gomphonema laticollum* Reichardt　　图版 57: 1 ～ 5

鉴定文献：Levkov 2016, p. 188, Fig. 22: 1 ～ 15.

特征描述：壳面棒状，中部明显膨大，顶端广圆形，底端尖圆，长 44.1 ～ 50.5 μm，宽 11.7 ～ 12.4 μm。壳缝略波曲；中轴区线形；中央区不规则，近似领结状，具 1 个孤点，外壳面开口小圆形，内壳面开口短裂缝状。横线纹由单列点纹组成，在壳面中部呈放射状排列，靠近末端近平行排列，10 μm 内线纹有 13 条，点纹外壳面开口 "C" 形。

采样点：Q8。

分布：金钱河。

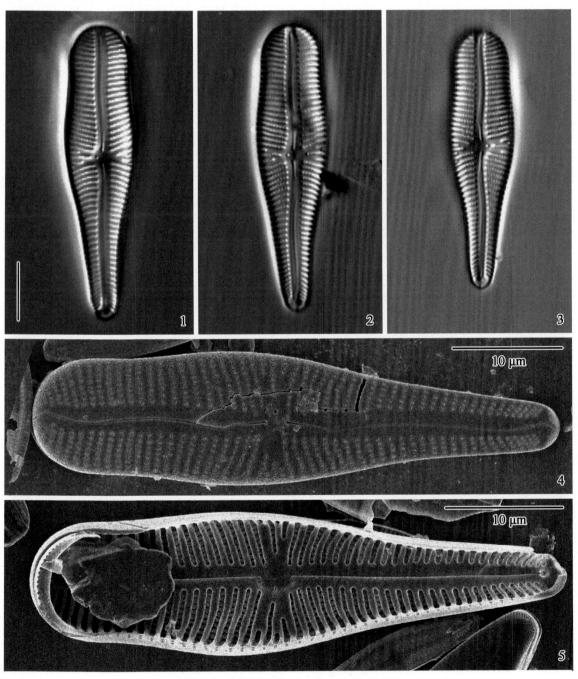

图版 57　宽颈异极藻 *Gomphonema laticollum*
1 ～ 3. 光镜照片，壳面观，标尺 =10 μm。4 ～ 5. 电镜照片：4. 外壳面观；5. 内壳面观

（41）微小异极藻 *Gomphonema minutum* (Agardh) Agardh　　图版 58: 1 ～ 12

鉴定文献：Levkov 2016, p. 486, Fig. 171: 1 ～ 22.

特征描述：壳面棒状线形，顶端圆形，底端尖圆，长 10.7 ～ 20.3 μm，宽 3.7 ～ 5.7 μm。壳缝直；中轴区窄；中央区近矩形，两侧略不对称，具 1 个孤点，外壳面开口长圆形，内壳面开口短裂缝状。横线纹由双列小圆形点纹组成，近平行排列，10 μm 内线纹有 10 ～ 15 条。

采样点：H14、H19、H34、B7、B10、J4、J7、J10、Q4。

分布：沮水、池河、将军河、褒河、金水河、金钱河。

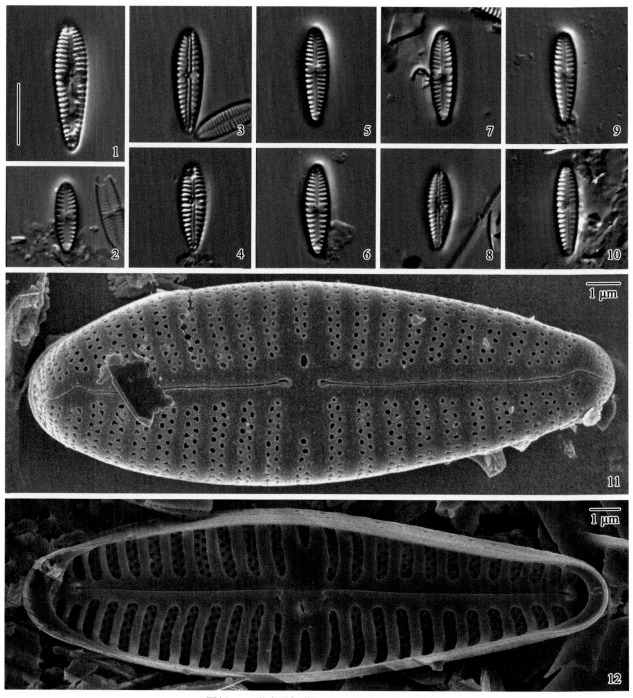

图版 58　微小异极藻 *Gomphonema minutum*

1 ～ 10. 光镜照片，壳面观，标尺 =10 μm。11 ～ 12. 电镜照片：11. 外壳面观；12. 内壳面观

（42） *Gomphonema* cf. *minutum* (Agardh) Agardh　　图版 59: 1 ～ 21; 60: 1 ～ 6

鉴定文献： Levkov 2016, p. 488, Fig. 171: 1 ～ 22.

特征描述： 壳面棒状线形，中部最宽，顶端宽圆形，底端尖圆，长 15.9 ～ 35.8 μm，宽 4.6 ～ 6.5 μm。中轴区窄线形；中央区较大，横矩形或近圆形，具 1 个孤点，外壳面开口圆形，内壳面开口短裂缝状。横线纹由双列点纹组成，点纹外壳面开口"C"形或不规则形；横线纹略放射状排列，10 μm 内有 9 ～ 12 条。

采样点： H7、H9、H10、H13、H17、H19、H22、H24、H27、H28、H29、H30、H34、B11、J4、J7、J10、Q3、Q4、Q8。

分布： 酉水河、湑水河、汉江（城固县）、汉江（勉县）、牧马河、池河、月河、黄洋河、汉江（旬阳县）、旬河、蜀河、汉江（蜀河镇）、将军河、褒河、金水河、金钱河。

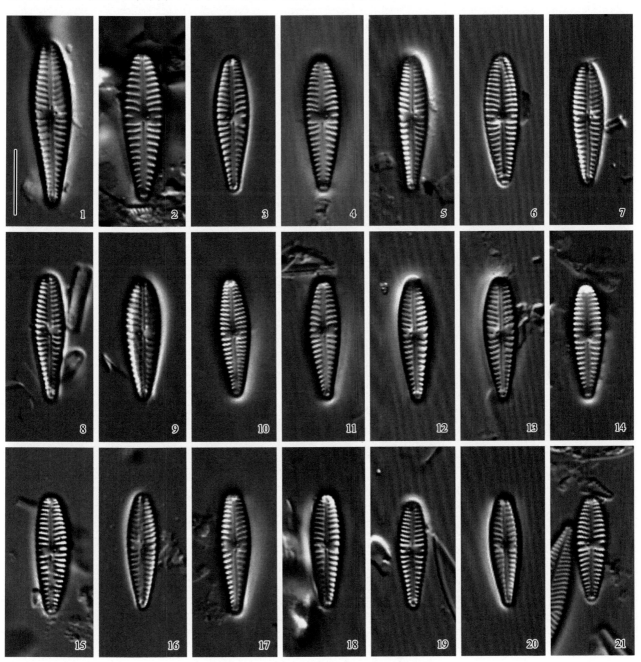

图版 59　*Gomphonema* cf. *minutum* 光镜照片

1 ～ 21. 壳面观，标尺 =10 μm

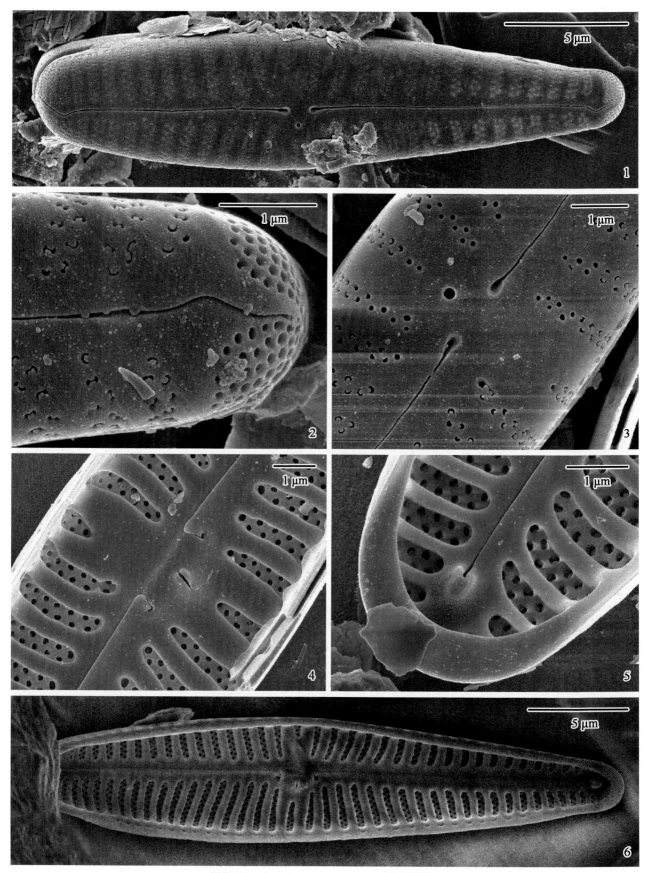

图版 60　*Gomphonema* cf. *minutum* 电镜照片

外壳面观：1. 外壳面整体；2. 壳面末端，示远缝端，点纹及顶孔区；3. 壳面中部，示近缝端及孤点。
内壳面观：4. 壳面中部，示近缝端及孤点；5. 壳面末端，示螺旋舌、点纹及假隔膜；6. 内壳面整体

（43）似舟形异极藻 *Gomphonema naviculoides* Smith 图版 61: 1 ～ 5

鉴定文献：Levkov 2016, p. 89, Fig. 42: 1 ～ 19.

特征描述：壳面菱形近线形，中部最宽，向两端渐狭，两末端尖圆，长 69.7 ～ 73.3 μm，宽 9.7 ～ 10.3 μm。壳缝直；内壳面观近缝端呈近直角弯曲，螺旋舌略偏侧；中轴区线形；中央区近矩形，两侧不对称，具 1 个孤点，孤点内壳面开口短裂缝状。横线纹由单列点纹组成，10 μm 内有 9 ～ 10 条。

采样点：C7。

分布：堵河。

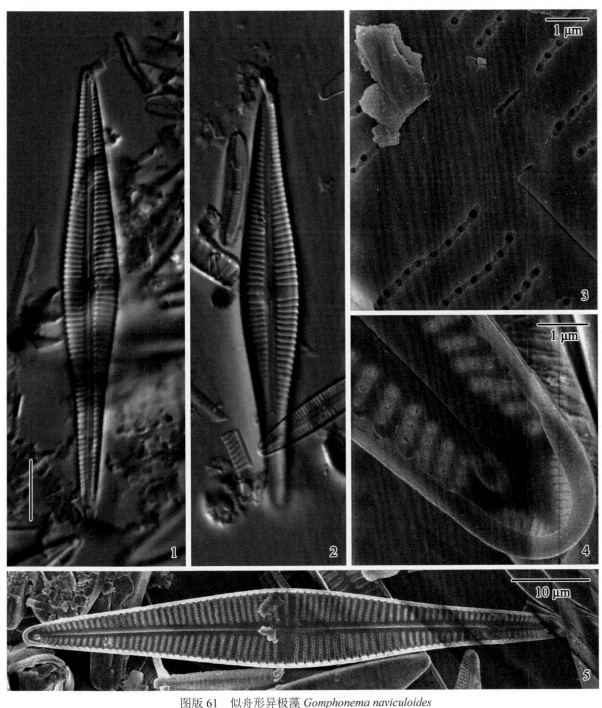

图版 61 似舟形异极藻 *Gomphonema naviculoides*

1 ～ 2. 光镜照片，壳面观，标尺 =10 μm。3 ～ 5. 电镜照片，内壳面观：3. 壳面中部，示近缝端及孤点；

4. 壳面末端，示螺旋舌；5. 内壳面整体

（44）矮小异极藻 Gomphonema pumilum (Grunow) Reichardt and Lange-Bertalot（新拟） 图版
62: 1 ～ 7

鉴定文献: Levkov 2016, p. 446, Fig. 151: 26 ～ 52.

特征描述: 壳面菱形至披针形，中部略膨大，顶端圆形，底端尖圆，长 25.3 ～ 34.3 μm，宽 5.3 ～ 6.2 μm。中轴区窄线形；中央区近矩形，两侧不对称，具 1 个孤点。横线纹由单列短缝状点纹组成，略放射状排列，10 μm 内有 9 ～ 11 条。

采样点: H9、H11、H19、Q4、Q8。

分布: 湑水河、汉江（汉中市）、池河、金钱河。

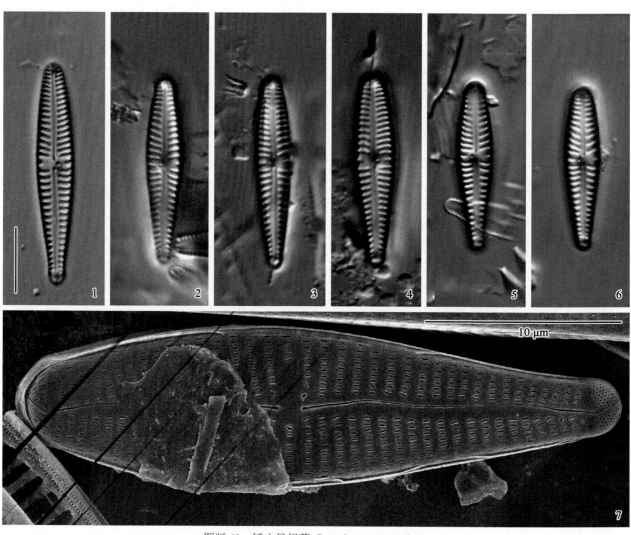

图版 62 矮小异极藻 Gomphonema pumilum
1 ～ 6. 光镜照片，壳面观，标尺 =10 μm; 7. 电镜照片，外壳面观

（45）小型异极藻 *Gomphonema parvulum* (Kützing) Kützing 图版 63: 1 ~ 13

鉴定文献： Levkov 2016, p. 348, Fig. 102: 1 ~ 38.

特征描述： 壳面披针形，顶端延长呈小头状，底端略延长，长 18.3 ~ 28.8 μm，宽 5.3 ~ 7.3 μm。中轴区窄线形；中央区两侧不对称，近矩形，具 1 个孤点，外壳面开口小圆形。横线纹由单列 "C" 形点纹组成，略放射状排列，10 μm 内有 10 ~ 12 条。

采样点： H1、H13、H22、H24、H27、H28、H29、H30、H34、B11、J3、J4。

分布： 老灌河、汉江（勉县）、月河、黄洋河、汉江（旬阳县）、旬河、蜀河、汉江（蜀河镇）、将军河、褒河、金水河。

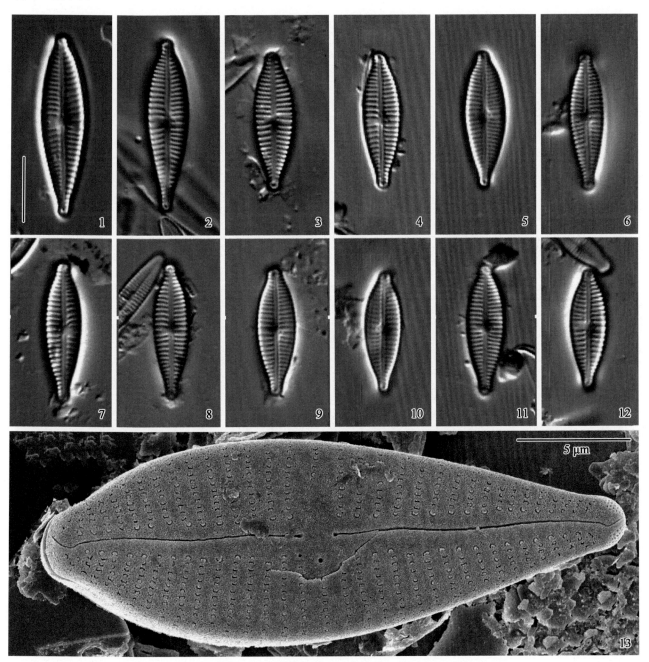

图版 63 小型异极藻 *Gomphonema parvulum*

1 ~ 12. 光镜照片，壳面观，标尺 =10 μm；13. 电镜照片，外壳面观

（46）圣瑙姆异极藻 *Gomphonema sancti-naumii* **Metzeltin and Levkov**（新拟）　图版 64: 1～8

鉴定文献：Levkov 2016, p. 454, Fig. 155: 1～39.

特征描述：壳面线形披针形，两端宽圆形，长 25.3～42 μm，宽 3.9～6.1 μm。中轴区窄线形；中央区较大，近矩形，两侧略不对称，具 1 个孤点，外壳面开口小圆形，内壳面开口短裂缝状。横线纹由单列短裂缝状点纹组成，点纹内壳面开口近 "C" 形；横线纹略放射状排列，10 μm 内线纹有 10～12 条。

采样点：B10、J10。

分布：汉江、金水河。

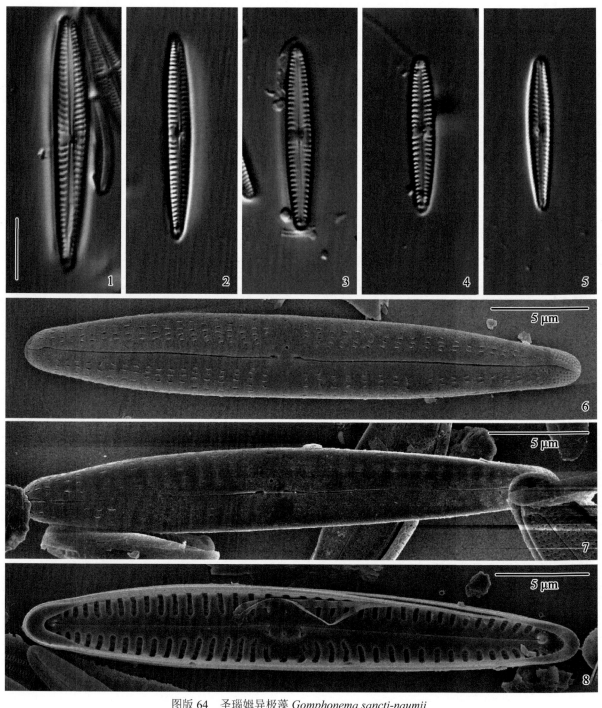

图版 64　圣瑙姆异极藻 *Gomphonema sancti-naumii*

1～5. 光镜照片，壳面观，标尺 =10 μm。6～8. 电镜照片：6～7. 外壳面观；8. 内壳面观

（47）具球异极藻 *Gomphonema sphaerophorum* Ehrenberg 图版 65: 1 ～ 7

鉴定文献： 施之新 2004, p. 81, Fig. XIII: 2 ～ 6.

特征描述： 壳面披针状棒形，中部最宽，向两端渐狭，顶端收缩呈头状，底端狭圆形，长 39.3 ～ 49.1 μm，宽 9.3 ～ 10.3 μm。中轴区线形；中央区较大，横矩形或近圆形，具 1 个孤点。横线纹由单列短裂缝状点纹组成，略放射状排列，10 μm 内线纹有 9 ～ 10 条。

采样点： H5、H17、H28、Q8。

分布： 金水河、牧马河、旬河、金钱河。

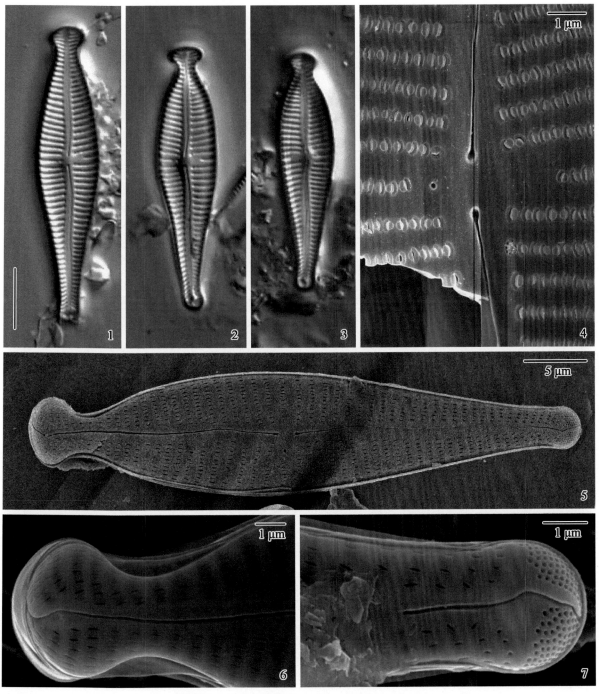

图版 65　具球异极藻 *Gomphonema sphaerophorum*

1 ～ 3. 光镜照片，壳面观，标尺 =10 μm。4 ～ 7. 电镜照片，外壳面观：4. 外壳面中部放大；5. 外壳面整体；6. 壳面顶端，示远缝端及点纹；

7. 壳面底端，示远缝端及顶孔区

（48）瓦尔达尔异极藻 *Gomphonema vardarense* **Levkov, Mitic-Kopanja and Reichardt**（新拟）　图版
66: 1 ～ 6

鉴定文献：Levkov 2016, p. 464, Fig. 160: 1 ～ 7.

特征描述： 壳面棒状线形，末端尖圆形，长 18.3 ～ 24.5 μm，宽 3.9 ～ 4.0 μm。壳缝直，近缝端末端膨
大，远缝端末端呈钩状弯曲；中轴区窄线形；中央区横矩形，具 1 个孤点，外壳面开口圆形，具 1 圈硅质领。
横线纹在壳面中部近平行排列，末端辐射状，10 μm 内有 11 ～ 13 条；点纹单列，外壳面开口短裂缝状或近
"C"形。

采样点： J4。

分布： 金水河。

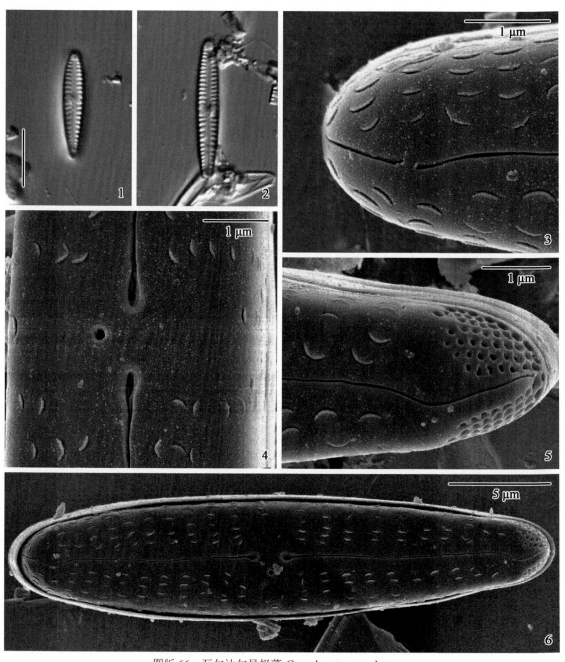

图版 66　瓦尔达尔异极藻 *Gomphonema vardarense*

1 ～ 2. 光镜照片，壳面观，标尺 =10 μm。3 ～ 6. 电镜照片，外壳面观；3. 壳面顶端，示远缝端及点纹；
4. 壳面中部，示近缝端及孤点；5. 壳面底端，示远缝端及顶孔区；6. 外壳面整体

（49）扬子异极藻 *Gomphonema yangtzensis* Li　　图版 67: 1 ～ 5

鉴定文献：Li et al. 2006, p. 315 ～ 318, Figs. 2 ～ 42.

特征描述：壳面棒状披针形，向两端渐狭，顶端圆形，底端宽圆，长 55.0 ～ 80.6 μm，宽 11.0 ～ 13.8 μm。中轴区窄线形；中央区近矩形，两侧不对称，一侧具 2 ～ 3 条短线纹。横线纹近平行排列，10 μm 内有 7 ～ 10 条。

采样点：H1、H17、H34、B10、J3、J10、Q4、Q8。

分布：老灌河、牧马河、将军河、褒河、金水河、金钱河。

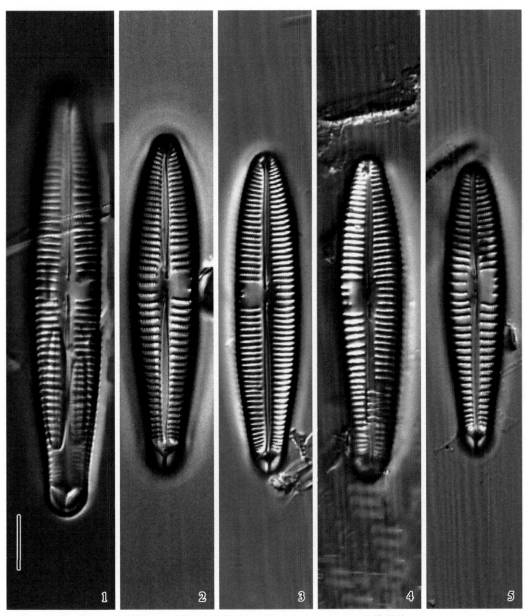

图版 67　扬子异极藻 *Gomphonema yangtzensis* 光镜照片
1 ～ 5. 壳面观，标尺 =10 μm

（50）泰尔盖斯特异极藻 *Gomphonema tergestinum* (Grunow) Fricke　　图版 68

鉴定文献：Levkov 2016, p. 472, Fig. 164: 1 ～ 32.

特征描述：壳面椭圆状披针形，中部膨大，顶端圆形，底端尖圆，长 25.5 μm，宽 6.3 μm。中轴区窄线形；中央区较大，两侧不对称，直达壳缘，具 1 个孤点。横线纹略放射状排列，10 μm 内线纹有 10 条。

采样点：H28。

分布：旬河。

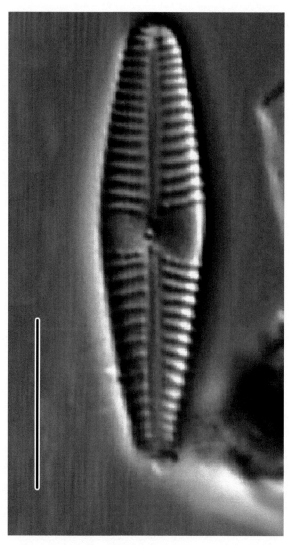

图版 68　泰尔盖斯特异极藻 *Gomphonema tergestinum* 光镜照片

壳面观，标尺 =10 μm

（51）*Gomphonema* sp. 1　图版 69: 1 ～ 5

　　特征描述：壳面棒状，顶端圆形，底端尖圆，长 13.9 ～ 21.9μm，宽 5.7 ～ 7 μm。中轴区窄线形；中央区近矩形，略不对称，具 1 个孤点。横线纹近平行排列，10 μm 内线纹有 11 ～ 13 条。

　　采样点：H9、H22、H29、H30、B11、J1。

　　分布：浕水河、月河、蜀河、汉江（蜀河镇）、褒河、金水河。

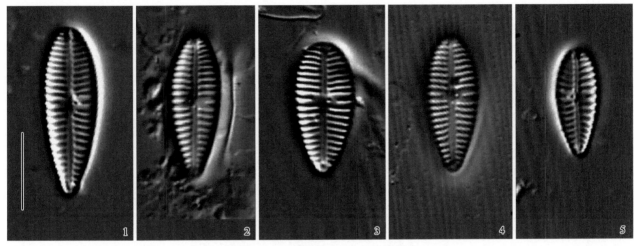

图版 69　*Gomphonema* sp. 1 光镜照片

1 ～ 5. 壳面观，标尺 =10 μm

（52）*Gomphonema* sp. 2　图版 70: 1 ～ 8

　　特征描述：壳面近棒状，顶端圆形，末端尖圆，长 16.4 ～ 25.7 μm，宽 4.6 ～ 5.3 μm。中轴区宽；中央区不明显，具 1 个孤点。横线纹平行排列 10 μm 内有 12 ～ 14 条。

　　采样点：H1、J7、Q3、Q4、Q8。

　　分布：老灌河、金水河、金钱河。

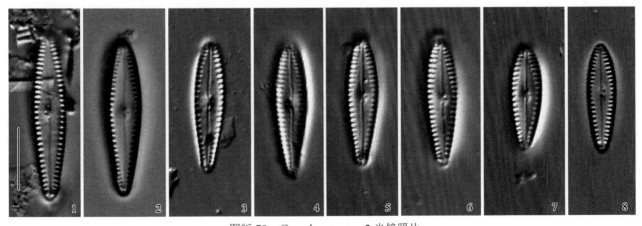

图版 70　*Gomphonema* sp. 2 光镜照片

1 ～ 8. 壳面观，标尺 =10 μm

（53）*Gomphonema* sp. 3　　图版 71: 1 ～ 16

特征描述：壳面近棒状，顶端圆形，末端尖圆，长 22.2 ～ 40.9 μm，宽 4.6 ～ 6.0 μm。中轴区宽；中央区近椭圆形，具 1 个孤点。横线纹平行排列，10 μm 内有 12 ～ 14 条。

采样点：H5、H7、H11、H17、H24、H34、B10、J2、J7、J9、J10、Q3、Q4。

分布：金水河、酉水河、汉江（汉中市）、牧马河、将军河、黄洋河、褒河、金钱河。

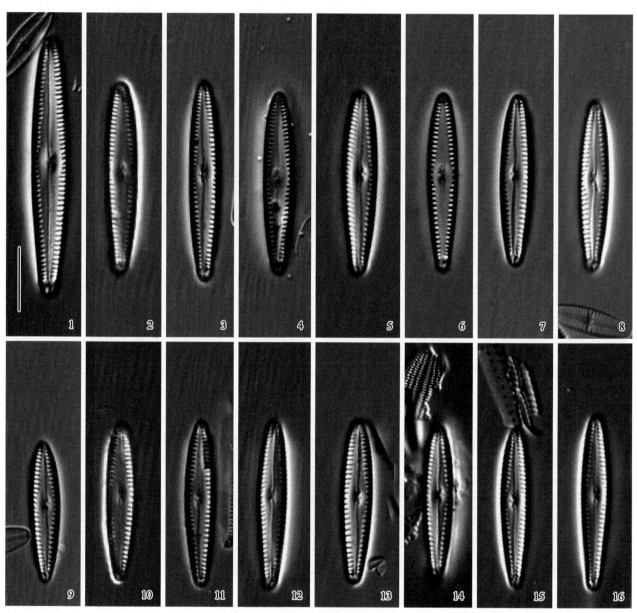

图版 71　*Gomphonema* sp. 3 光镜照片

1 ～ 16. 壳面观，标尺 =10 μm

（54）*Gomphonema* sp. 4　图版 72: 1 ～ 8

特征描述：壳面棒状披针形，中部为壳面最宽处，向两端渐狭，上端收缩呈头状，下端狭圆形，长 37.2 ～ 44 μm，宽 8.7 ～ 10.1 μm。壳缝波曲，中轴区窄线形；中央区菱形近圆形，具 1 个孤点。横线纹放射状排列，10 μm 内线纹有 9 ～ 13 条。

采样点：H1、H17、H34、B10、J3、J10、Q4、Q8。

分布：老灌河、牧马河、将军河、褒河、金水河、金钱河。

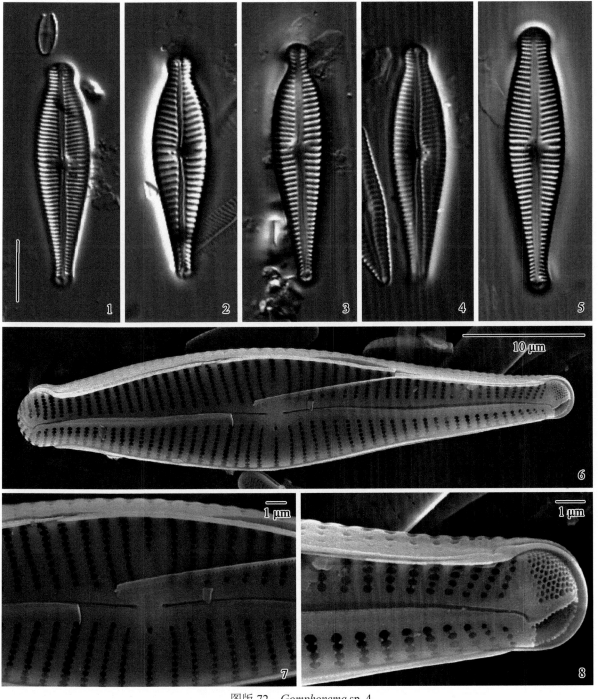

图版 72 *Gomphonema* sp. 4

1 ～ 5. 光镜照片，壳面观，标尺 =10 μm；6 ～ 8. 电镜照片，外壳面观

17. 盘状藻属 *Placoneis* Mereschkowsky 1903

壳面线形、椭圆形或披针形,末端喙状或头状。横线纹由单列点纹组成。部分种类在中央区一侧具孤点。本属在汉江共发现 2 种。

(55) 埃尔金盘状藻 *Placoneis elginensis* (Gregory) Cox　　图版 73: 1

鉴定文献: Lange-Bertalot et al. 1996, p. 166, Fig. 24: 20.

特征描述: 壳面长椭圆形近披针形,末端呈头状,长 34.8 μm,宽 11.9 μm。中轴区窄线形;中央区明显,常呈圆形。横线纹呈放射状排列,10 μm 内有 11 条。

采样点: H9。

分布: 湑水河。

(56) 温和盘状藻 *Placoneis clementioides* (Hustedt) Cox　　图版 73: 2 ～ 6

鉴定文献: Cox 1988, p. 155, Figs. 28 ～ 33.

特征描述: 壳面椭圆形,末端延长呈小头状,长 19 ～ 23.9 μm,宽 7.1 ～ 7.5 μm。中轴区窄线形;中央区近蝴蝶结形。横线纹在壳面中部呈放射状排列,靠近末端会聚,10 μm 内有 14 ～ 15 条。

采样点: H1、H34、Q8、J6。

分布: 老灌河、将军河、金水河、金钱河。

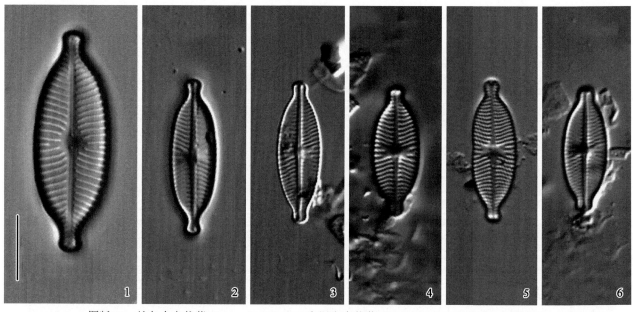

图版 73　埃尔金盘状藻 *Placoneis elginensis* 和温和盘状藻 *Placoneis clementioides* 光镜照片

1 ～ 6. 壳面观,标尺 =10 μm

18. 瑞氏藻属 *Reimeria* Kociolek and Stoermer 1987

壳面具背腹之分，近线形，腹缘平直，背缘呈弓形，末端呈钝圆形或圆形，中部膨大。壳缝直，略偏于腹侧。横线纹近平行或略呈放射状排列。

本属在汉江共发现 2 种。

（57）波状瑞氏藻 *Reimeria sinuata* (Gregory) Kociolek and Stoermer　图版 74: 1 ～ 16

鉴定文献：Metzeltin et al. 2009, p. 446, Fig. 157: 1 ～ 87.

特征描述：壳面略具背腹之分，线形到线状披针形，腹侧中部凸出，背缘弓形，长 13.4 ～ 16.1 μm，宽 3.6 ～ 4 μm。壳缝位于近壳面中部，内壳面观近缝端钩状弯向壳面同侧；中轴区窄线形；中央区近矩形，孤点外壳面开口圆形。横线纹由双列小圆形点纹组成，10 μm 内有 10 ～ 13 条。

采样点：H15、H29、B7、B8、B11、J1、J4、J9、J10。

分布：堰河、蜀河、褒河、金水河。

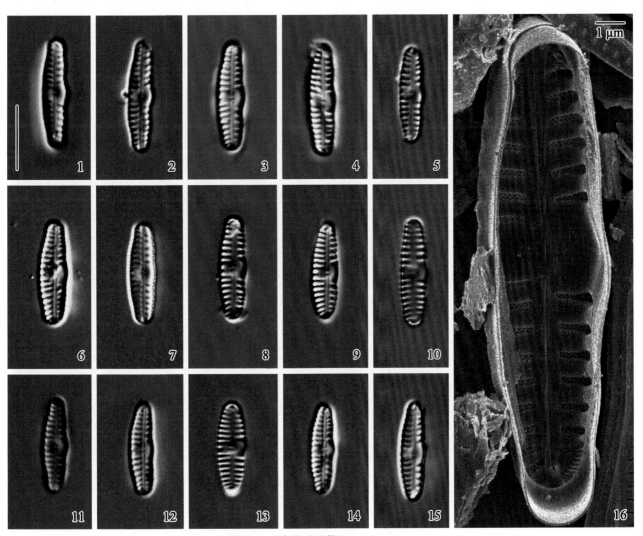

图版 74　波状瑞氏藻 *Reimeria sinuata*
1-15. 光镜照片，壳面观，标尺 =10 μm；16. 电镜照片，内壳面观

（58）泉生瑞氏藻 *Reimeria fontinalis* Levkov（新拟）　图版 75: 1 ～ 3

鉴定文献：Levkov and Ector 2010, p. 473, Figs. 1 ～ 13, 42 ～ 47.

特征描述：壳面线形，具背腹之分，背侧凸起呈弓形，腹缘中部膨大突出，末端呈钝圆形，长 27.0 ～ 33.5 μm，宽 6.2 ～ 7.2 μm。中轴区窄线形；中央区两侧不对称，一侧呈近矩形的无纹区，另一侧具 1 条短线纹。横线纹近平行排列，10 μm 内有 8 ～ 9 条。

采样点：J10。

分布：金水河。

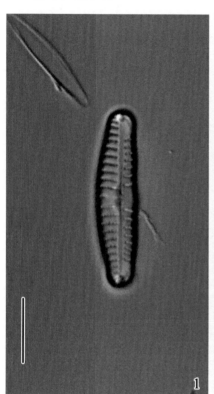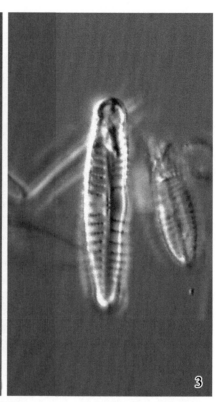

图版 75　泉生瑞氏藻 *Reimeria fontinalis* 光镜照片

1 ～ 3. 壳面观，标尺 =10 μm

（十）弯楔藻科 Rhoicospheniaceae

19. 弯楔藻属 *Rhoicosphenia* Grunow 1860

壳体异面，上壳面的顶端和底端仅具发育不全的短壳缝，下壳面具完整的壳缝，带面观楔形，呈弧形弯曲。壳面多呈棒状，末端圆形或尖圆形。横线纹近平行或放射状排列。

本属在汉江共发现 1 种。

（59）加利福尼亚弯楔藻 *Rhoicosphenia californica* Thomas and Kociolek（新拟） 图版 76: 1～4

鉴定文献：Thomas 2015.

特征描述：壳面棒状，顶端宽圆形，底端尖圆形，长 24.5～39.6 μm，宽 4.8～5.8 μm。中轴区窄线形；中央区小椭圆形。横线纹在壳面中部近平行排列，靠近末端略放射状排列，在 10 μm 内线纹有 8～10 条。

采样点：H11。

分布：汉江（汉中市）。

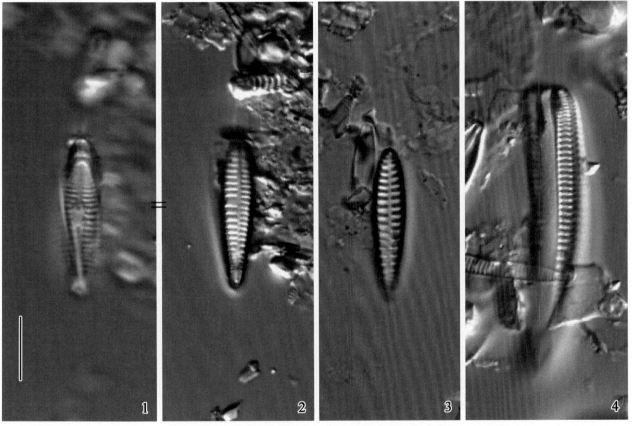

图版 76 加利福尼亚弯楔藻 *Rhoicosphenia californica* 光镜照片
1～3. 壳面观，"="表示同一壳体的两个壳面；4. 带面观，标尺 =10 μm

七、卵形藻目 Cocconeidales

（十一）曲丝藻科 Achnanthidiaceae

20. 曲丝藻属 *Achnanthidium* Kützing 1844

　　细胞单生或以壳面相互连接成带状群体。壳面较窄，线形至披针形。具壳缝面略凹，壳缝直；无壳缝面略凸，中轴区近披针形。横线纹多由单列点纹组成。

　　本属在汉江共发现 12 种。

（60）德尔蒙曲丝藻 *Achnanthidium delmonii* Pérès　　图版 77：1 ～ 18；78：1 ～ 4

　　鉴定文献：Bey and Ector 2013, p. 91, Figs. 1 ～ 38.

　　特征描述：壳面椭圆形，末端圆形，长 9.8 ～ 14.6 μm，宽 3.6 ～ 4.7 μm。具壳缝面壳缝直；中轴区窄线形，中央区呈横向窄矩形，两侧略不对称。无壳缝面中轴区窄线形，中央区呈横向窄矩形。横线纹在壳面近平行排列，10 μm 内有 18 ～ 20 条。

　　采样点：H1、H7、H11、H13、H17、H24、H27、H29、H30、H34、B3、B8、B10、C7、J4、J10、Q3、Q4、Q8。

　　分布：老灌河、酉水河、汉江（汉中市）、汉江（勉县）、牧马河、黄洋河、汉江（旬阳县）、蜀河、汉江（蜀河镇）、将军河、褒河、堵河、金水河、金钱河。

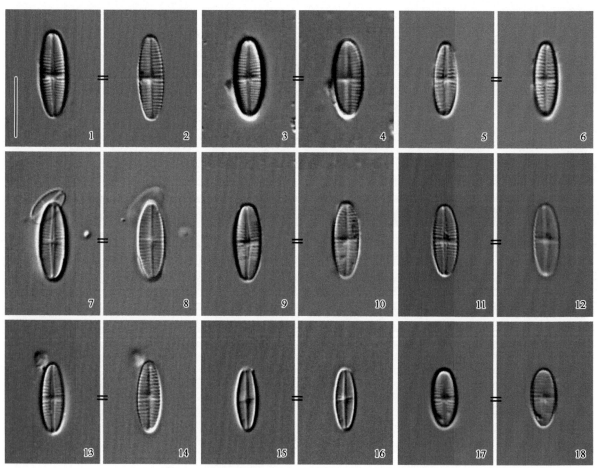

图版 77　德尔蒙曲丝藻 *Achnanthidium delmonii* 光镜照片

1 ～ 18. 壳面观，标尺 =10 μm，"=" 表示同一壳体的两个壳面

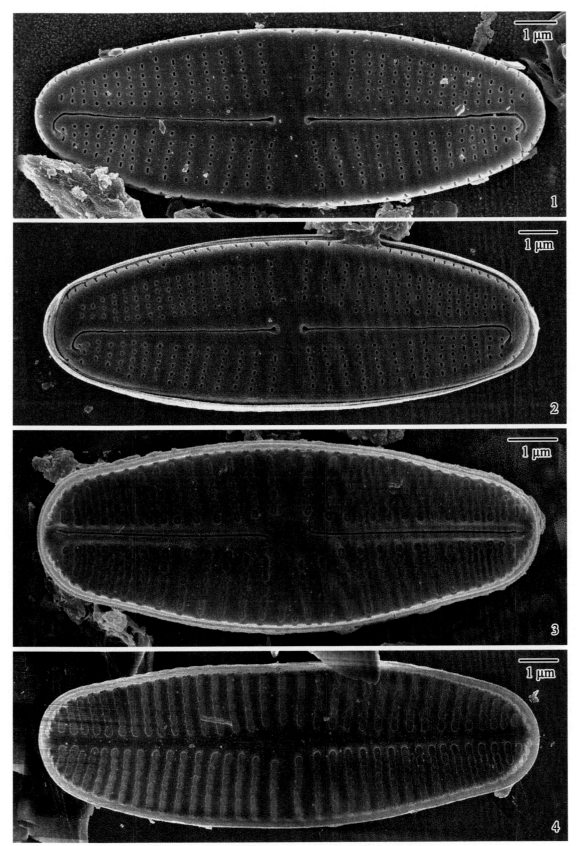

图版 78　德尔蒙曲丝藻 *Achnanthidium delmonii* 电镜照片
1～2. 具壳缝面外壳面观；3. 具壳缝面内壳面观；4. 无壳缝面内壳面观

（61）德鲁瓦曲丝藻 *Achnanthidium druartii* **Rimet and Couté**（新拟）　　图版 79: 1 ～ 12; 80: 1 ～ 6

鉴定文献：Rimet et al. 2010, p. 185 ～ 195.

特征描述： 壳面披针形，中部略膨大，向两端渐狭，末端延长呈小头状，长 22.3 ～ 28.1 μm，宽 4.2 ～ 4.7 μm。具壳缝面壳缝直；中轴区窄线形，中央区近椭圆形，内壳面观近缝端弯向两相反方向，螺旋舌略隆起。无壳缝面中轴区线形。横线纹在两壳面均呈微辐射状排列，有单列圆形至长圆形点纹组成，点纹内壳面具膜覆盖，在 10 μm 内有 18 ～ 20 条。

采样点： H5、H7、H9、H15、H17、H19、H24、H28、H34、B3、C7、J1、J4、Q3、Q8。

分布： 酉水河、湑水河、堰河、牧马河、池河、黄洋河、旬河、将军河、褒河、堵河、金水河、金钱河。

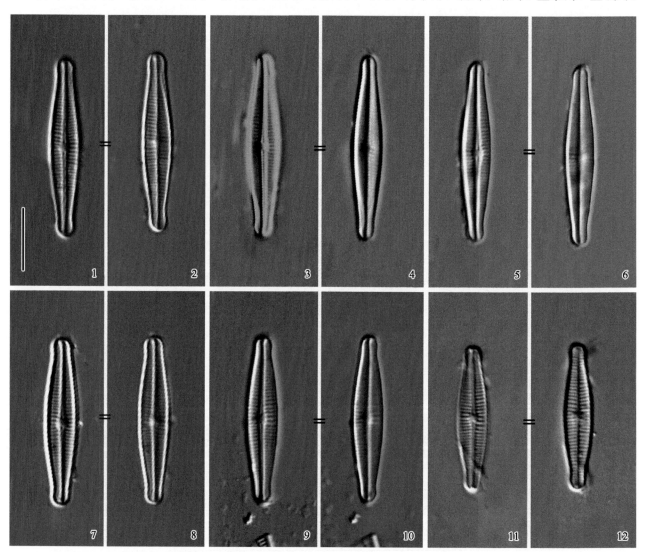

图版 79　德鲁瓦曲丝藻 *Achnanthidium druartii* 光镜照片

1 ～ 12. 壳面观，标尺 =10 μm，"=" 表示同一壳体的两个壳面

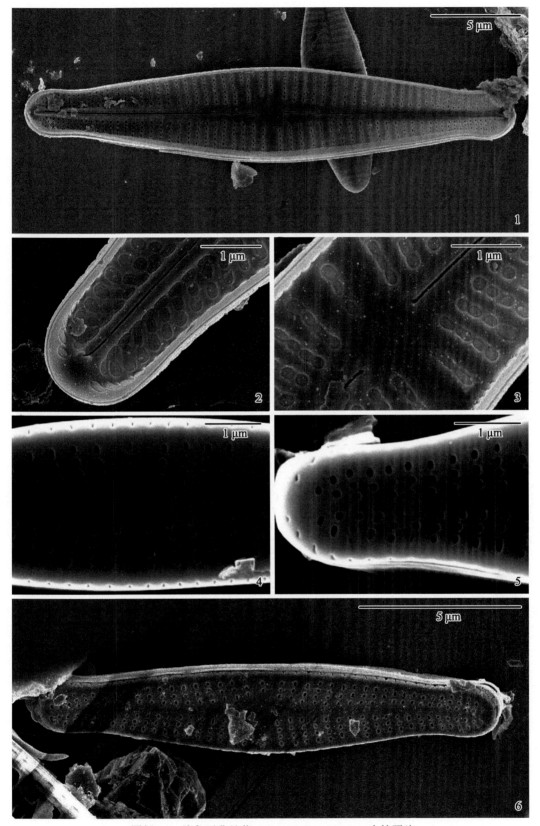

图版 80 德鲁瓦曲丝藻 *Achnanthidium druartii* 电镜照片

具壳缝面内壳面观：1. 内壳面整体；2. 壳面末端，示螺旋舌及点纹；3. 壳面中部，示近缝端。

无壳缝面外壳面观：4. 壳面中部，示点纹；5. 壳面末端；6. 外壳面整体

（62）短小曲丝藻 *Achnanthidium exiguum* (Grunow) Czarnecki　　图版 81: 1 ～ 15

鉴定文献：Bey and Ector 2013, p. 97, Figs. 1 ～ 29.

特征描述： 壳体较小，壳缘两侧近平行，末端延长呈头状，长 11 ～ 12 μm，宽 4.7 ～ 5 μm。壳缝直；中轴区窄线形，中央区矩形，直达壳缘。横线纹在光镜下不清晰。

采样点： H15。

分布： 堰河。

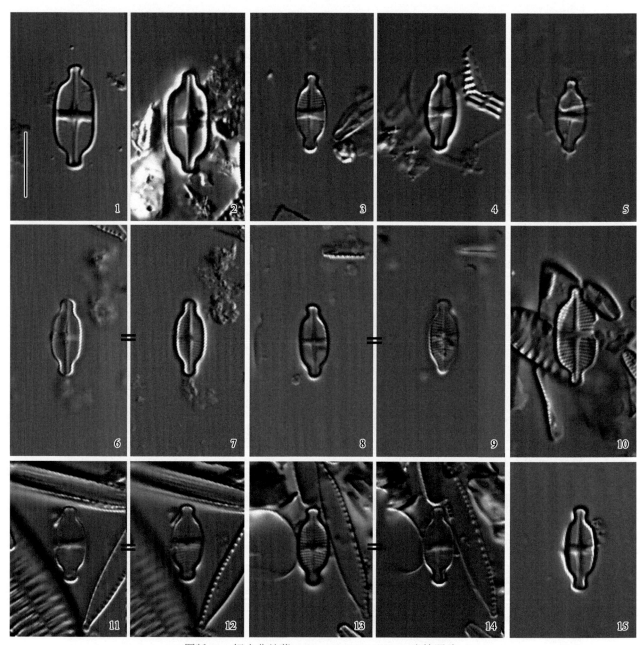

图版 81　短小曲丝藻 *Achnanthidium exiguum* 光镜照片

1 ～ 15. 壳面观，标尺 =10 μm，"=" 表示同一壳体的两个壳面

（63）瘦曲丝藻 *Achnanthidium exile* **(Kützing) Heiberg**（新拟）　图版 82: 1 ～ 18

鉴定文献： Bey and Ector 2013, p. 99, Figs. 1 ～ 17.

特征描述： 壳面线状披针形，中部膨大，向两末端渐狭，末端略延长呈近头状，长 13.1 ～ 19.7 μm，宽 3.1 ～ 4.1 μm。具壳缝面壳缝直，近缝端末端略膨大。无壳缝面中央区不明显。横线纹略呈放射状排列，在 10 μm 内有 28 ～ 30 条。

采样点： H5、H7、H15、H19、H22、H24、H28、H29、H34、B3、B7、B10、B11、J1、J2、J4、J10、Q3、Q4、Q8、J3。

分布： 酉水河、堰河、池河、月河、黄洋河、旬河、蜀河、将军河、褒河、金水河、金钱河。

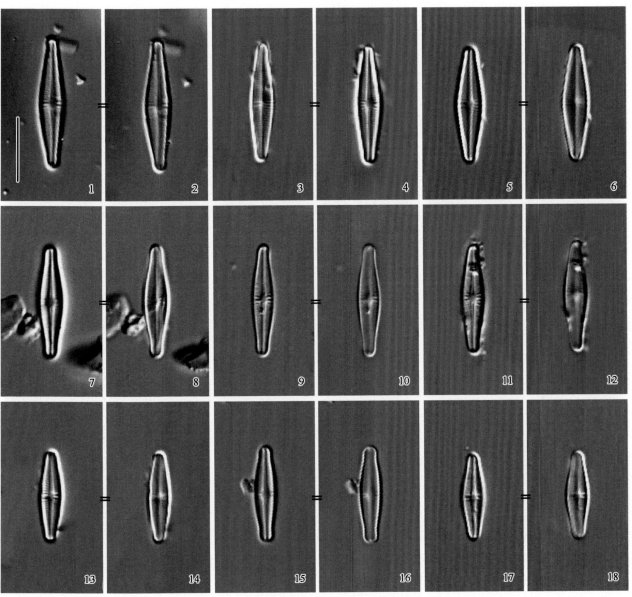

图版 82　瘦曲丝藻 *Achnanthidium exile* 光镜照片

1 ～ 18. 壳面观，标尺 =10 μm，"="表示同一壳体的两个壳面

（64）三角帆头曲丝藻 *Achnanthidium latecephalum* **Kobayasi**　　图版 83: 1 ～ 18; 84: 1 ～ 5

鉴定文献: Metzeltin et al. 2009, p. 188, Fig. 28: 1 ～ 8.

特征描述: 壳面披针形，末端延长呈头状，长 13.6 ～ 18.6 μm，宽 4.1 ～ 4.4 μm。具壳缝面壳缝直；中轴区窄线形，中央区近椭圆形。无壳缝面中轴区窄线形；中央区小，近椭圆形。横线纹由单列点纹组成，点纹呈横向短裂缝状，近平行排列，在 10 μm 内有 24 ～ 26 条。

采样点: H1、H7、H9、H10、H13、H14、H19、H22、H24、H27、H28、H34、B8、C3、C7、J2、J3、J4、J7、J9、J10、Q3、Q4、Q8。

分布: 老灌河、酉水河、湑水河、汉江（城固县）、汉江（勉县）、沮水、池河、月河、黄洋河、汉江（旬阳县）、旬河、将军河、褒河、堵河、金水河、金钱河。

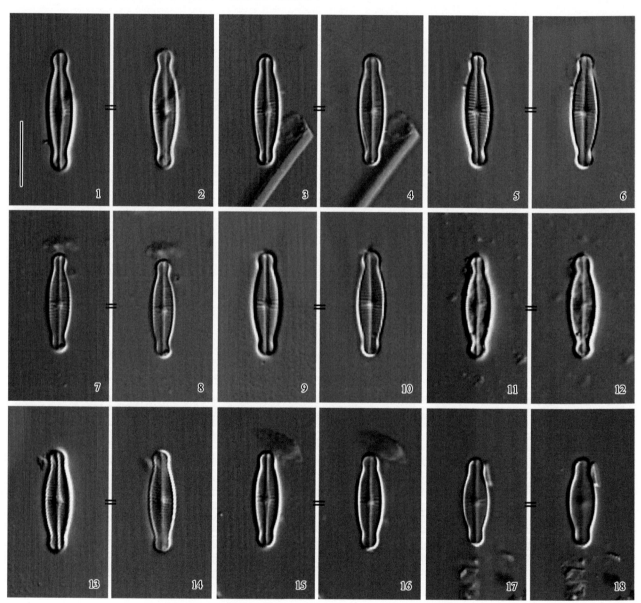

图版 83　三角帆头曲丝藻 *Achnanthidium latecephalum* 光镜照片

1 ～ 18. 壳面观，标尺 =10 μm，"="表示同一壳体的两个壳面

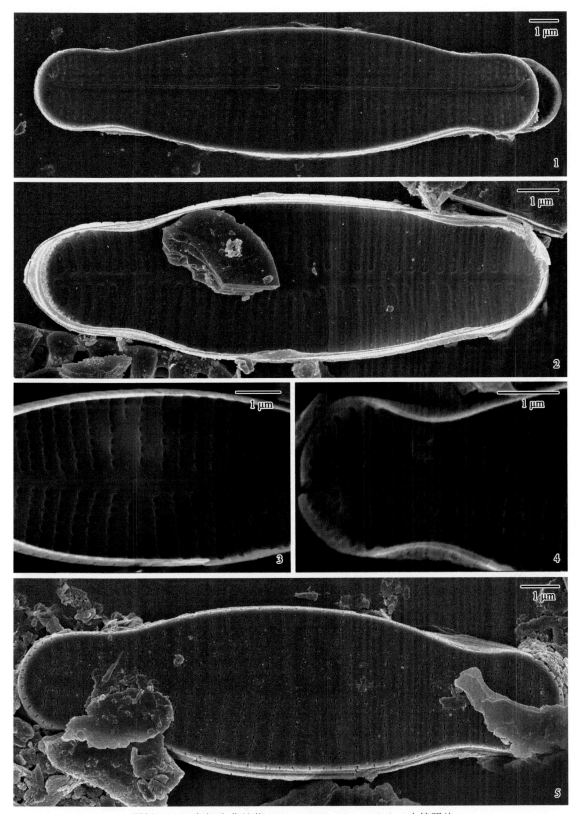

图版 84 三角帆头曲丝藻 *Achnanthidium latecephalum* 电镜照片

1. 具壳缝面外壳面观；2. 无壳缝面内壳面观；3. 无壳缝面内壳面观，示壳面中部；4. 无壳缝面内壳面观，示壳面末端；
5. 无壳缝面外壳面观

（65）极细微曲丝藻 Achnanthidium minutissimum (Kützing) Czarnecki 图版 85: 1 ～ 10; 86: 1 ～ 4

鉴定文献：Metzeltin et al. 2005, p. 314, Fig. 35: 10 ～ 13.

特征描述：壳面线状披针形，两端略延长呈近头状，长 15.5 ～ 18.7 μm，宽 3.3 ～ 3.5 μm。具壳缝面壳缝直，近缝端、远缝端均直；中轴区线形，中央区略膨大；点纹近圆形，靠近壳缘点纹呈横向短裂缝状。无壳缝面中轴区线状披针形，点纹近圆形。横线纹在光镜下不清晰。

采样点：H7、H15、H29、Q3、Q8。

分布：酉水河、堰河、蜀河、金钱河。

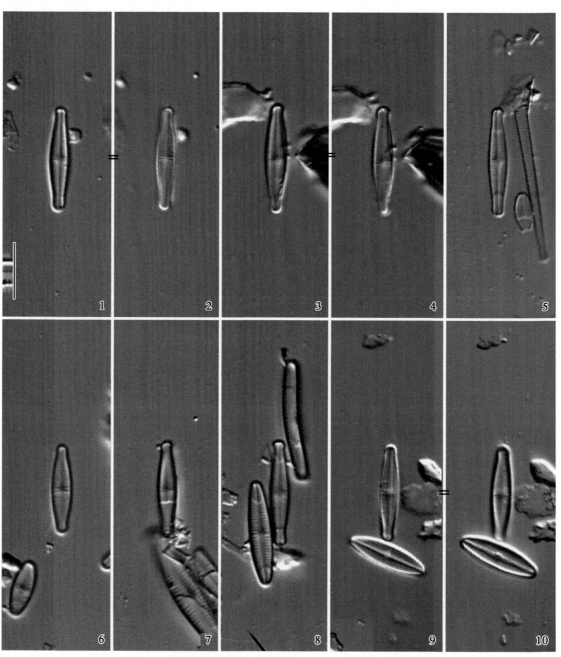

图版 85　极细微曲丝藻 Achnanthidium minutissimum 光镜照片

1 ～ 10. 壳面观，标尺 =10 μm，"="表示同一壳体的两个壳面

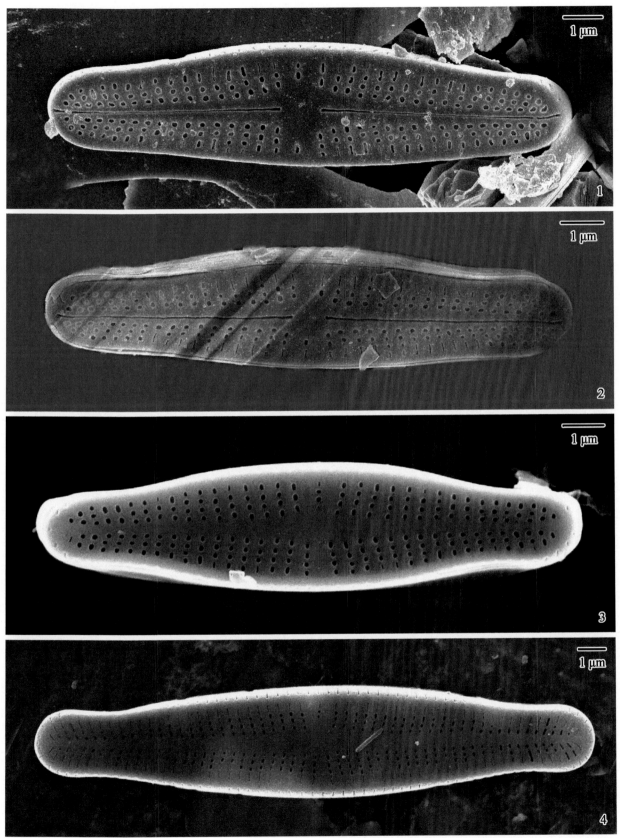

图版 86　极细微曲丝藻 *Achnanthidium minutissimum* 电镜照片

1～2. 具壳缝面外壳面观；3～4. 无壳缝面外壳面观

（66）亚显曲丝藻 *Achnanthidium pseudoconspicuum* **(Foged) Jüttner and Cox**　　图版 87: 1 ～ 18; 88: 1 ～ 4

　　鉴定文献: Jüttner and Cox 2011, p. 22, Figs. 3 ～ 28.

　　特征描述: 壳面线形，末端尖圆，长 17.7 ～ 23.3 μm，宽 4.1 ～ 4.2 μm。具壳缝面壳缝直，内壳面观近缝端末端弯向相反方向，螺旋舌略隆起；中轴区窄线形，中央区近矩形，两侧线纹稀疏；点纹圆形至长圆形，内壳面观具膜覆盖。无壳缝面中轴区窄线形，壳面中部线纹排列稀疏；中央区不明显。横线纹在壳面呈略放射状排列，10 μm 内有 19 ～ 20 条。

　　采样点: H1、H5、H7、H9、H11、H13、H15、H17、H22、H29、H34、B7、B10、J1、J4、J7、J10、Q3、Q4、Q8。

　　分布: 老灌河、酉水河、湑水河、汉江（汉中市）、汉江（勉县）、堰河、牧马河、月河、蜀河、将军河、褒河、金水河、金钱河。

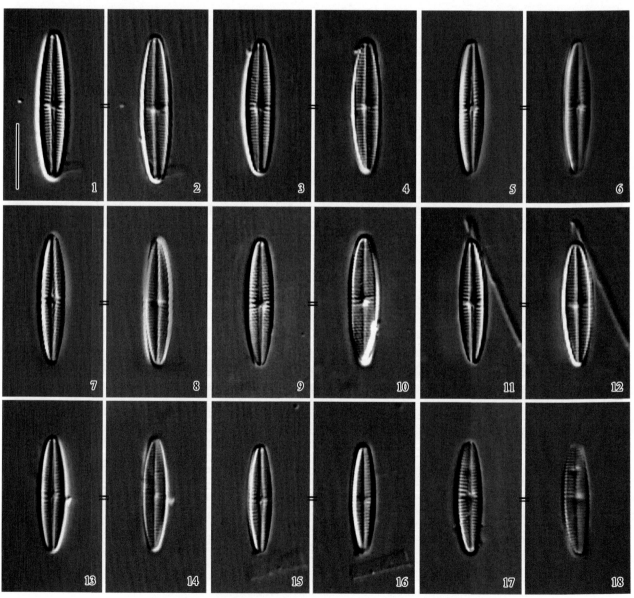

图版 87　亚显曲丝藻 *Achnanthidium pseudoconspicuum* 光镜照片

1 ～ 18. 壳面观，标尺 =10 μm，"="表示同一壳体的两个壳面

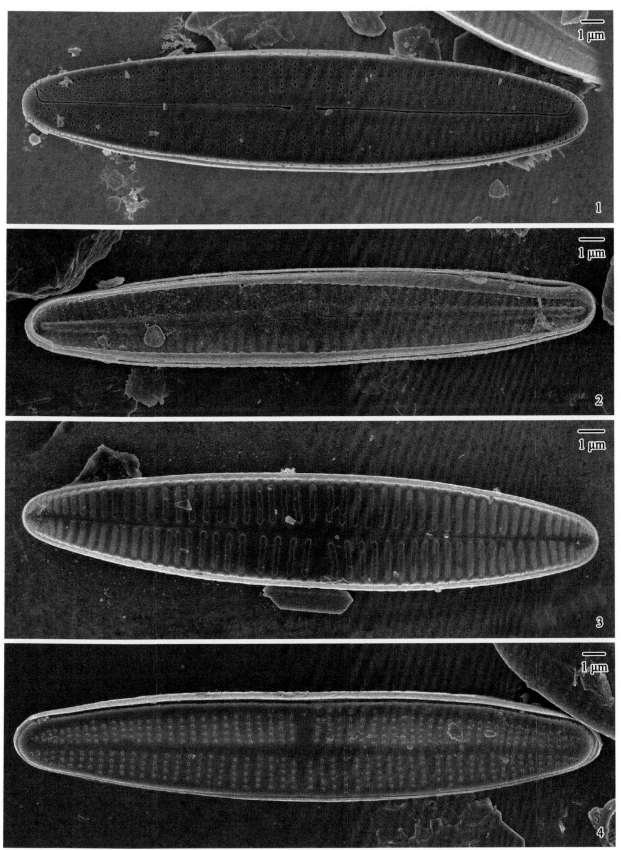

图版 88　亚显曲丝藻 *Achnanthidium pseudoconspicuum* 电镜照片

1. 具壳缝面外壳面观；2. 具壳缝面内壳面观；3. 无壳缝面内壳面观；4. 无壳缝面外壳面观

（67）庇里牛斯曲丝藻 *Achnanthidium pyrenaicum* **(Hustdet) Kobayasi**　　图版 89: 1～18; 90: 1～4

鉴定文献：Kobayasi 1997, p. 148, Figs. 1～18.

特征描述：壳面线形披针形，末端略延长近尖圆，长 12.1～22.3 μm，宽 3.6～4.0 μm。具壳缝面壳缝直，内壳面观近缝端向两相反方向弯曲，螺旋舌略隆起；中轴区窄线形，中央区横矩形，两侧略不对称。无壳缝面中轴区窄线形，中央区不明显，壳面中部线纹略稀疏。横线纹由单列圆形至长圆形点纹组成，点纹内壳面开口具膜覆盖，在两壳面均呈近平行排列，10 μm 内有 18～20 条。

采样点：H1、H5、H7、H9、H13、H19、H22、H24、H28、H29、H30、H34、B3、B6、B7、B10、B11、C3、C7、J2、J4、J6、J7、J9、J10、Q3、Q4、Q8。

分布：老灌河、金水河、酉水河、湑水河、汉江（勉县）、池河、月河、黄洋河、旬河、蜀河、汉江（蜀河镇）、将军河、褒河、堵河、金钱河。

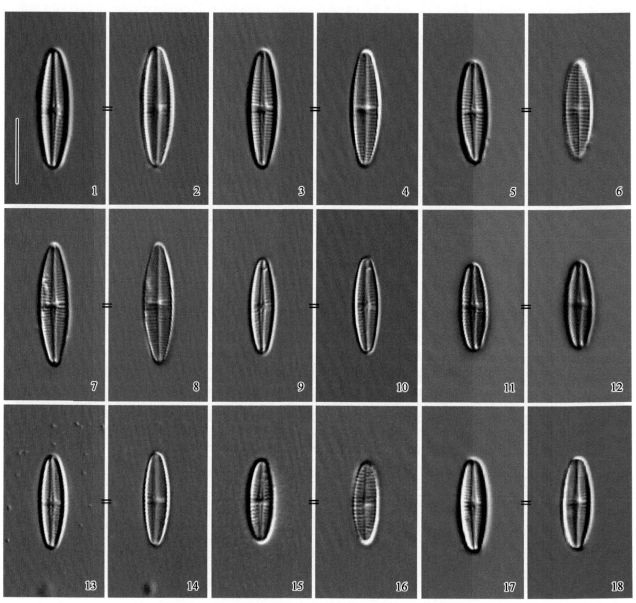

图版 89　庇里牛斯曲丝藻 *Achnanthidium pyrenaicum* 光镜照片

1～18. 壳面观，标尺 =10 μm，"="表示同一壳体的两个壳面

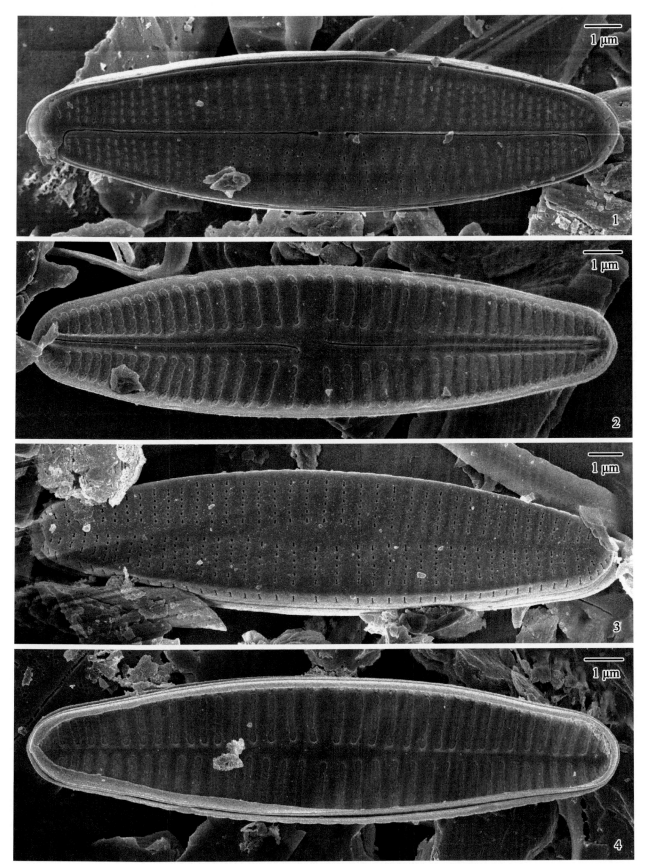

图版 90　庇里牛斯曲丝藻 *Achnanthidium pyrenaicum* 电镜照片
1. 具壳缝面外壳面观；2. 具壳缝面内壳面观；3. 无壳缝面外壳面观；4. 无壳缝面内壳面观

（68）喙状比利牛斯曲丝藻 *Achnanthidium rostropyrenaicum* **Jüttner and Cox**　　图版 91: 1～10

鉴定文献：Bey and Ector 2013, p. 113, Figs. 1～30.

特征描述： 壳面窄披针形，末端略延长呈小头状，长 15.3～20.7 μm，宽 3.7～5.3 μm。具壳缝面壳缝直，近缝端略膨大，远缝端镰刀状弯曲，弯向壳面同侧；中轴区窄线形，中央区不明显，壳面中部线纹排列较稀疏。无壳缝面中轴区窄线形，中央区不明显，壳面中部线纹排列较稀疏。横线纹在两壳面均呈略辐射状排列，10 μm 内有 19～22 条。

采样点： B7、C3、J4、J7。

分布： 褒河、堵河、金水河。

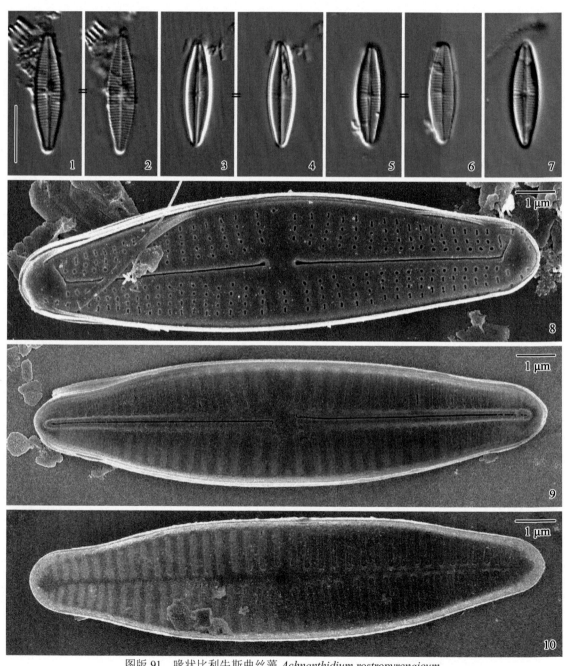

图版 91　喙状比利牛斯曲丝藻 *Achnanthidium rostropyrenaicum*

1～7. 光镜照片，壳面观，标尺 =10 μm，"="表示同一壳体的两个壳面。

8～10. 电镜照片：8. 具壳缝面外壳面观；9. 具壳缝面内壳面观；10. 无壳缝面内壳面观

（69）溪生曲丝藻 *Achnanthidium rivulare* Potapova and Ponader　　图版 92: 1 ～ 18; 93: 1 ～ 3

鉴定文献：Bey and Ector 2013, p. 105, Figs. 1 ～ 17.

特征描述：壳面线状椭圆形，末端宽圆，长 9.4 ～ 16.3 μm，宽 3.9 ～ 4.6 μm。具壳缝面壳缝直，近缝端膨大近圆形，远缝端钩状，弯向壳面同侧；中轴区窄线形，中央区较小呈圆形至近菱形；点纹圆形至长圆形，内壳面开口具膜覆盖。无壳缝面中轴区窄，中央区不明显；点纹小圆形。横线纹在两壳面均近平行排列，10 μm 内有 20 ～ 22 条。

采样点：H5、H7、H9、H11、H17、H22、H24、H27、H29、H34、B3、C3、J1、J2、J4、J10、Q3、Q8。

分布：金水河、酉水河、湑水河、汉江（汉中市）、牧马河、月河、黄洋河、汉江（旬阳县）、蜀河、将军河、褒河、堵河、金钱河。

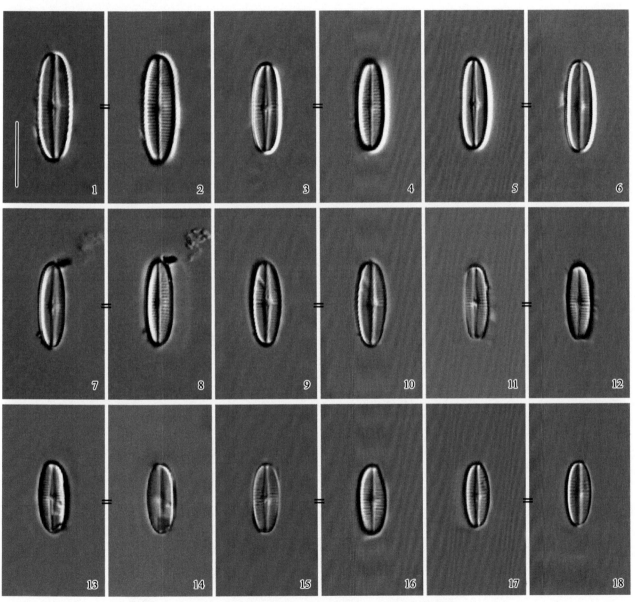

图版 92　溪生曲丝藻 *Achnanthidium rivulare* 光镜照片
1 ～ 18. 壳面观，标尺 =10 μm，"=" 表示同一壳体的两个壳面

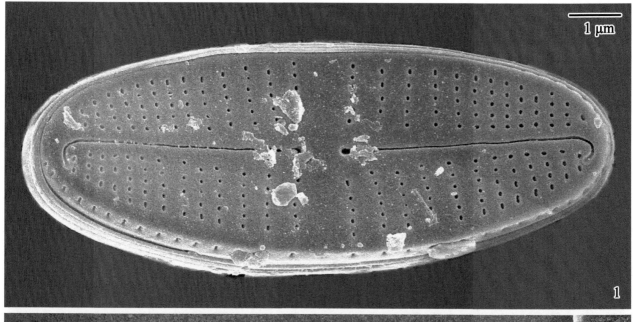

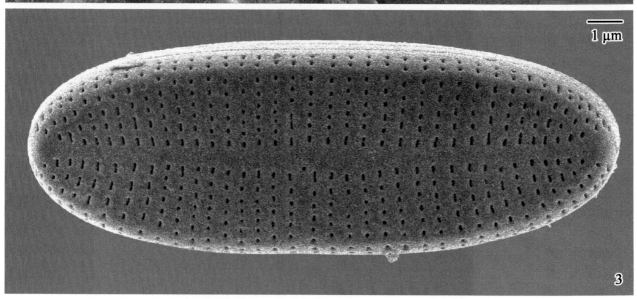

图版 93　溪生曲丝藻 *Achnanthidium rivulare* 电镜照片
1. 具壳缝面外壳面观；2. 具壳缝面内壳面观；3. 无壳缝面外壳面观

（70）近赫德森曲丝藻 *Achnanthidium subhudsonis* (Hustedt) Kobayasi　　图版 94: 1 ~ 9

鉴定文献： Bey and Ector 2013, p. 117, Figs. 1 ~ 45.

特征描述： 壳面披针形，末端尖圆，长 8.7 ~ 11.1 μm，宽 3.2 ~ 3.6 μm。具壳缝面壳缝略波曲，近缝端末端略膨大，远缝端钩状；中轴区线形，中央区不明显。点纹单列，小圆形。横线纹放射状排列，10 μm 内有 21 ~ 23 条。

采样点： H9、J3、Q3。

分布： 湑水河、金水河、金钱河。

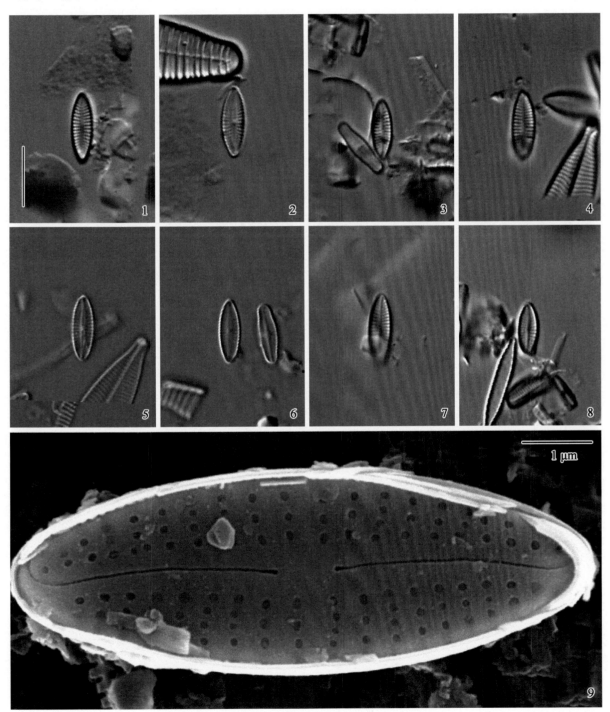

图版 94　近赫德森曲丝藻 *Achnanthidium subhudsonis*

1 ~ 8. 光镜照片，壳面观，标尺 =10 μm；9. 电镜照片，具壳缝面外壳面观

（71）*Achnanthidium* sp. 1　　图版 95：1 ～ 7

特征描述：壳面线状披针形，两端呈小头状或小圆形，长 12.9 ～ 16.2 μm，宽 2.8 ～ 3.3 μm。具壳缝面近缝端末端略膨大，远缝端略弯曲，弯向壳面同侧；中轴区线形，中央区近矩形。无壳缝面。横线纹由单列点纹构成，10 μm 内有 28 ～ 30 条。

采样点：H7、J1、J4。

分布：酉水河、金水河。

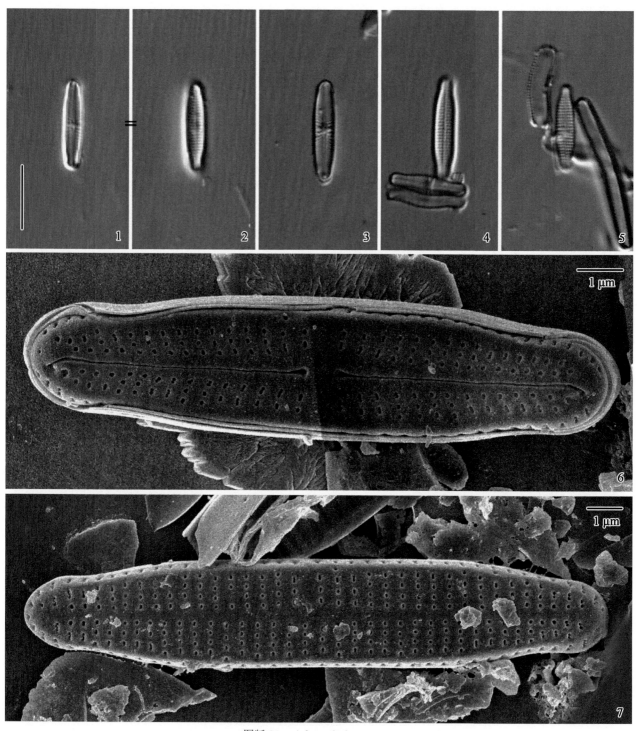

图版 95　*Achnanthidium* sp. 1

1 ～ 5. 光镜照片，壳面观，标尺 =10 μm，"="表示同一壳体的两个壳面。

6 ～ 7. 电镜照片：6. 具壳缝面外壳面观；7. 无壳缝面外壳面观

21. 卡氏藻属 *Karayevia* Round and Bukhtiyarova 1998

壳面椭圆形或披针形，末端延伸呈喙状或头状。具壳缝面壳缝直，远缝端向壳面两相反方向弯曲，线纹近辐射状排列。无壳缝面线纹粗，由单列圆形的点纹组成。

本属在汉江共发现 1 种。

(72) 克里夫卡氏藻 *Karayevia clevei* (Grunow) Bukhtiyarova　　图版 96: 1 ～ 10

鉴定文献：Bey and Ector 2013, p. 145, Figs. 1 ～ 36.

特征描述：壳面披针形，两端钝圆或亚喙状，长 16.5 ～ 20.8 μm，宽 6.1 ～ 7 μm。具壳缝面中轴区窄披针形，壳缝直；横线纹放射状排列，在 10 μm 内有 21 ～ 22 条。无壳缝面线纹粗，近平行排列，线纹在 10 μm 内有 11 ～ 12 条。

采样点：H17、H24、H33。

分布：牧马河、黄洋河、汉江（羊尾镇）。

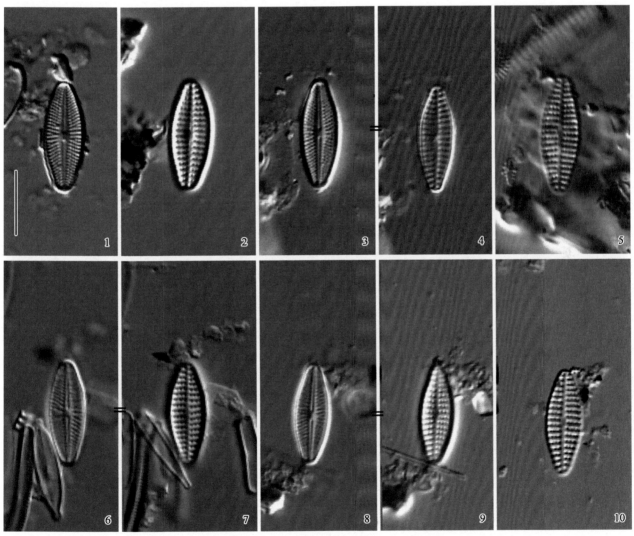

图版 96　克里夫卡氏藻 *Karayevia clevei* 光镜照片

1 ～ 10. 壳面观，标尺 =10 μm，"=" 表示同一壳体的两个壳面

22. 平面藻属 *Planothidium* Round and Bukhtiyarova 1996

壳面椭圆形、披针形。具壳缝面轻微凹陷，近缝端略膨大，中央区矩形或蝴蝶结形。无壳缝面的中央区一侧具明显的马蹄形无纹区。横线纹由多列点纹组成。

本属在汉江共发现 2 种。

（73）频繁平面藻 *Planothidium frequentissimum* Lange-Bertalot　图版 97: 1 ～ 18

鉴定文献：Bey and Ector 2013, p. 159, Figs. 1 ～ 26.

特征描述：壳面披针形或椭圆形，末端宽圆或略延长，长 11.7 ～ 18.7 μm，宽 5 ～ 5.9 μm。具壳缝面中轴区窄，中央区矩形到近圆形。无壳缝面中轴区较宽，中央区两侧不对称，一侧具 1 个马蹄形的无纹区。横线纹在两壳面均呈略放射状排列，10 μm 内有 14 ～ 15 条。

采样点：H7、H9、H14、H17、H19、H22、H24、H28、H30、H33、H34、J3、J7、J10、Q3、Q8。

分布：酉水河、湑水河、沮水、牧马河、池河、月河、黄洋河、旬河、汉江（蜀河镇）、汉江（羊尾镇）、将军河、金水河、金钱河。

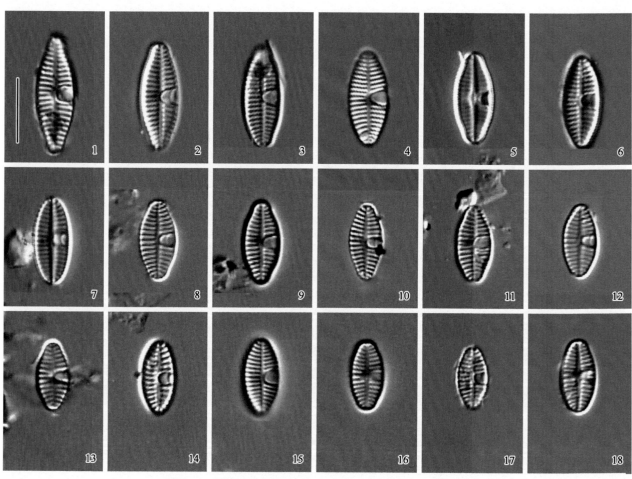

图版 97　频繁平面藻 *Planothidium frequentissimum* 光镜照片

1 ～ 18. 壳面观，标尺 =10 μm

（74）喙状平面藻 *Planothidium rostratum* (Østrup) Lange-Bertalot　　图版 98: 1 ～ 12

鉴定文献：Bey and Ector 2013, p. 153, Figs. 1 ～ 9.

特征描述：壳面披针形，末端略延长头状或喙状，长 14.7 ～ 18.3 μm，宽 6 ～ 6.2 μm。具壳缝面壳缝直，近缝端末端略膨大，远缝端弯向壳面同侧；中轴区窄线形，中央区近矩形，两侧不对称。无壳缝面中轴区窄线形，中央区两侧不对称，一侧具 1 个马蹄形的无纹区。横线纹略呈辐射状排列，由 2 ～ 4 列小圆形点纹组成，10 μm 内有 13 ～ 14 条。

采样点：H5、H15、H24、H34、J3、J10、C7、Q3、Q8。

分布：堰河、黄洋河、将军河、金水河、堵河、金钱河。

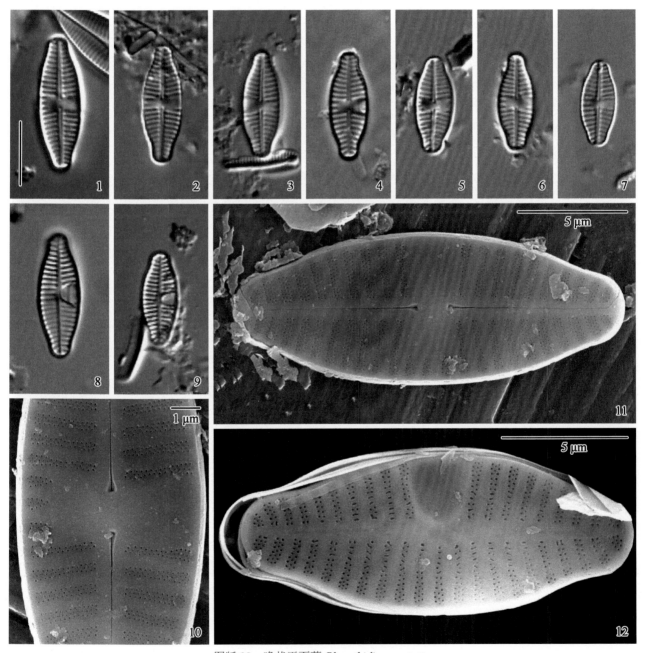

图版 98　喙状平面藻 *Planothidium rostratum*

1 ～ 9. 光镜照片，壳面观，标尺 =10 μm。10 ～ 12. 电镜照片：10. 具壳缝面外壳面观，壳面中部，示近缝端及点纹；
11. 具壳缝面外壳面观；12. 无壳缝面外壳面观

（十二）卵形藻科 Cocconeidaceae

23. 卵形藻属 *Cocconeis* Ehrenberg 1837

　　壳体单生。壳面椭圆形或宽椭圆形，末端圆形或略尖。具壳缝面壳缝直；具中央节和极节，线纹较密集，呈辐射状排列，中央区小。无壳缝面点纹较粗大，无明显的中央区。

　　本属在汉江共发现 3 个种。

（75）扁圆卵形藻 *Cocconeis placentula* Ehrenberg　　图版 99: 1 ～ 12

　　鉴定文献：Bey and Ector 2013, p. 135, Figs. 1 ～ 12.

　　特征描述：壳面椭圆形，末端略尖呈近圆形，长 12.7 ～ 27.8 μm，宽 8.3 ～ 15.6 μm。具壳缝面壳缝直，近缝端、远缝端均呈直线形；中轴区狭窄，中央区小圆形；横线纹由单列小圆形点纹组成；壳缝末端外沿壳缘具 1 圈无纹区。无壳缝面具较窄的假壳缝，线纹由单列长圆形点纹组成，在 10 μm 内有 17 ～ 23 条。

　　采样点：H1、H5、H9、H11、H17、H19、H22、H24、H27、H28、H29、H30、B7、B10、B11、C7、J1、J4、J6、J7、Q3。

　　分布：老灌河、湑水河、汉江（汉中市）、牧马河、池河、黄洋河、月河、汉江（旬阳县）、旬河、蜀河、汉江（蜀河镇）、褒河、堵河、金水河、金钱河。

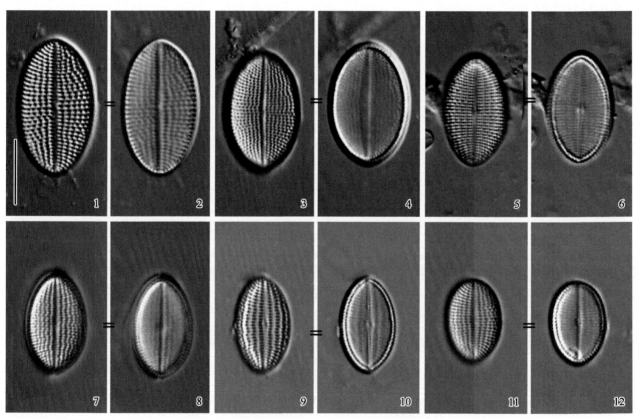

图版 99　扁圆卵形藻 *Cocconeis placentula* 光镜照片

1 ～ 12. 壳面观，标尺 =10 μm，"=" 表示同一壳体的两个壳面

（76）扁圆卵形藻多孔变种 *Cocconeis placentula* **var.** *euglypta* **(Ehrenberg) Grunow** 图版 100: 1 ～ 18

鉴定文献： 朱蕙忠和陈嘉佑 2000, p. 235, Fig. 44: 22 ～ 23.

特征描述： 壳面长椭圆形，末端略呈尖圆形，长 15.5 ～ 19.3 μm，宽 7.9 ～ 10.1 μm。具壳缝面壳缝直，近缝端、远缝端直线形；中轴区窄线形，中央区小，圆形近菱形；点纹单列，小圆形。无壳缝面中轴区窄，中央区不明显；横线纹间断，形成纵向波曲，点纹横向短裂缝状。横线纹在 10 μm 内有 22 ～ 23 条。

采样点： H1、H7、H9、H11、H13、H15、H17、H19、H22、H24、H27、H28、H29、H30、H33、H34、B3、B7、B11、J1、J4、J7、J9、Q4、Q8。

分布： 老灌河、酉水河、湑水河、汉江（汉中市）、汉江（勉县）、堰河、牧马河、池河、月河、黄洋河、汉江（旬阳县）、旬河、蜀河、汉江（蜀河镇）、汉江（羊尾镇）、将军河、褒河、金水河、金钱河。

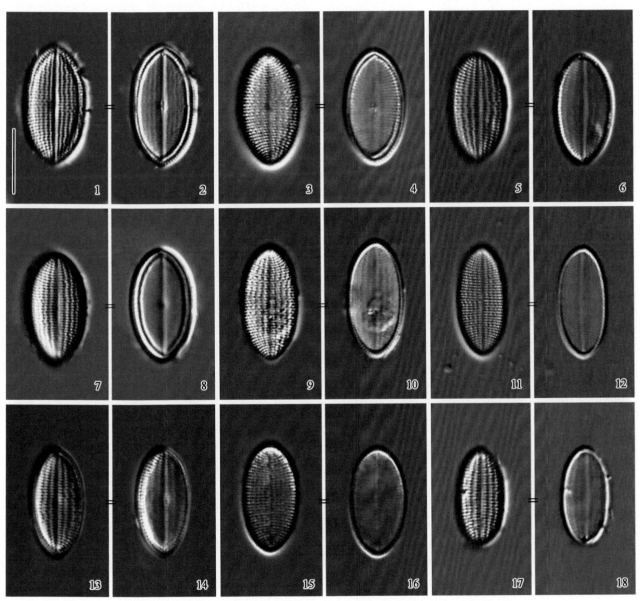

图版 100　扁圆卵形藻多孔变种 *Cocconeis placentula* var. *euglypta* 光镜照片

1 ～ 18. 壳面观，标尺 =10 μm，"="表示同一壳体的两个壳面

（77）柄卵形藻 *Cocconeis pediculus* Ehrenberg 图版 101: 1 ～ 14

鉴定文献： Bey and Ector 2013, p. 133, Figs. 1 ～ 14.

特征描述： 壳面近圆形至宽椭圆形，末端宽钝圆形壳面，长 14.1 ～ 24.5 μm，宽 11.3 ～ 18.4 μm。具壳缝面壳缝直，近缝端末端在内壳面弯向两相反方向，螺旋舌略隆起；中轴区窄线形，中央区小，近菱形。无壳缝面点纹较粗大，具筛板；中央区线形。横线纹在 10 μm 内有 19 ～ 21 条。

采样点： H1、H17、H24、H27、H30、H34、B7、B11、C3、C7、Q3、Q8。

分布： 老灌河、牧马河、黄洋河、汉江（旬阳县）、汉江（蜀河镇）、将军河、褒河、堵河、金钱河。

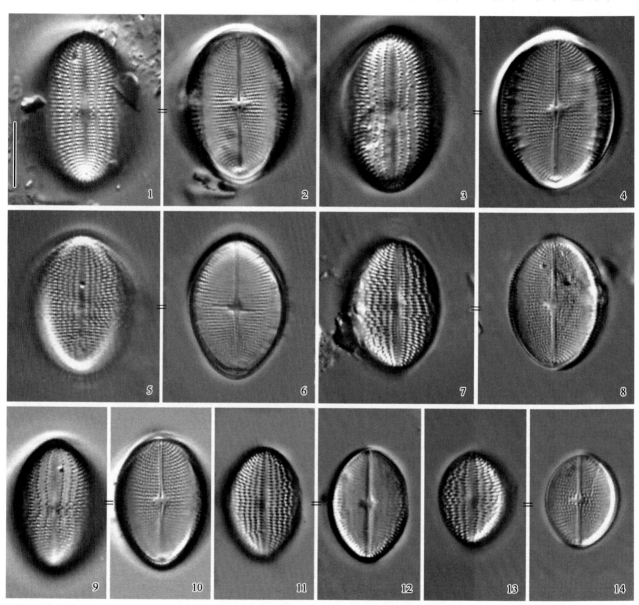

图版 101　柄卵形藻 *Cocconeis pediculus* 光镜照片

1 ～ 14. 壳面观，标尺 =10 μm，"=" 表示同一壳体的两个壳面

八、胸膈藻目 Mastogloiaceae

（十三）胸膈藻科 Mastogloiaceae

24. 暗额藻属 *Aneumastus* Mann and Stickle 1990

壳面多线形或披针形，末端圆形、尖圆形或延长呈头状。壳缝直或略有弯曲，近缝端末端直或膨胀；中轴区窄，中央区形状不规则。横线纹略放射状排列。

本属在汉江共发现 1 种。

（78）具细尖暗额藻 *Aneumastus apiculatus* (Østrup) Lange-Bertalot　图版 102: 1 ～ 2

鉴定文献：Lange-Bertalot 2001, p. 470, Fig. 117: 1 ～ 10.

特征描述：壳面宽披针形，末端延长呈喙状，长 29.2 ～ 38.1 μm，宽 9.9 ～ 11 μm。中轴区较窄，中央区近菱形。横线纹在壳面中部近平行排列，靠近末端放射状排列，10 μm 内线纹有 16 ～ 18 条。

采样点：Q8。

分布：金钱河。

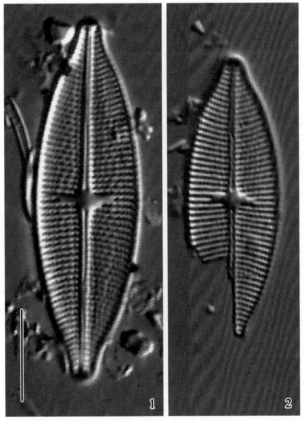

图版 102　具细尖暗额藻 *Aneumastus apiculatus* 光镜照片
1 ～ 2. 壳面观，标尺 =10 μm

九、舟形藻目 Naviculales

（十四）双肋藻科 Amphipleuraceae

25. 双肋藻属 *Amphipleura* Kützing 1844

壳面舟形、纺锤形或披针形，两端钝圆，中部宽，向两端逐渐变狭；中央节窄而长，壳面被两条肋纹分开。壳缝短，位于硅质分叉肋之间。

本属在汉江共发现 1 种。

（79）明晰双肋藻 *Amphipleura pellucida* (Kützing) Kützing　　图版 103: 1～4

鉴定文献：Krammer and Lange-Bertalot 1997a, p. 263, Fig. 98: 4～6.

特征描述：壳面窄披针形，向两端渐狭，末端尖圆形，长 67.0～91.5 μm，宽 8.7～9.5 μm。壳缝短，位于壳面末端；中轴区窄线形，中央区不明显。横线纹细密，在光镜下不清晰。

采样点：Q3。

分布：金钱河。

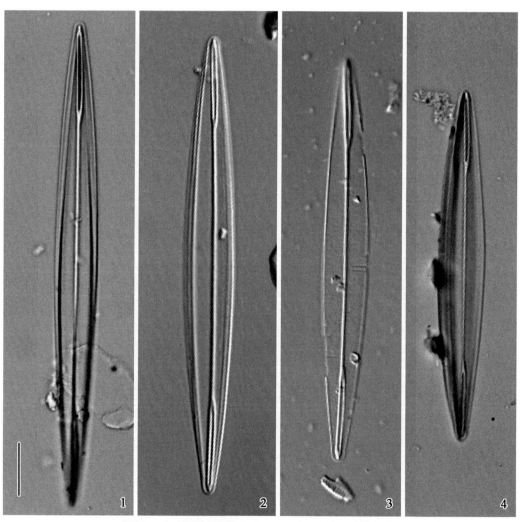

图版 103　明晰双肋藻 *Amphipleura pellucida* 光镜照片

1～4. 壳面观，标尺 =10 μm

26. 肋缝藻属 *Frustulia* Rabenhorst 1853

壳面长菱形至线状披针形，边缘直或轻微波曲。壳缝直，胸骨两侧具隆起的硅质脊。中轴区窄线形，中央区不明显。点纹单列，细密。

本属在汉江共发现 1 种。

（80）莫桑比克肋缝藻 *Frustulia amosseana* Lange-Bertalot（新拟） 图版 104

鉴定文献：Metzeltin and Lange-Bertalot 2007, p. 542, Fig. 137: 11 ～ 17.

特征描述：壳面线形至披针形，端部圆形，长 46.6 μm，宽 9.2 μm。壳缝直。横线纹在光镜下不清晰。

采样点：B7。

分布：褒河。

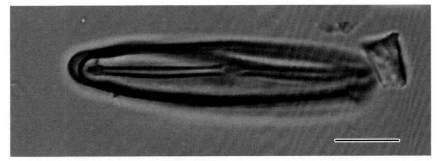

图版 104　莫桑比克肋缝藻 *Frustulia amosseana* 光镜照片

壳面观，标尺 =10 μm

（十五）等列藻科 Diadesmidiaceae

27. 喜湿藻属 *Humidophila* (Lange-Bertalot and Werum) Lowe et al. 2014

壳体小。壳面线形、线状椭圆形至椭圆形，末端宽圆或具延长的末端。壳缝直。横线纹单列，多由 1 个近长圆形的点纹组成。

本属在汉江共发现 1 种。

（81）泛热带喜湿藻 *Humidophila pantropica* (Lange-Bertalot) Lowe et al.（新拟） 图版 105

鉴定文献：Lowe 2011.

特征描述：壳面线形，末端延长呈头状，长 14.4 μm，宽 2.3 μm。中轴区窄，中央区明显。横线纹排列光镜下不清晰。

采样点：H7。

分布：酉水河。

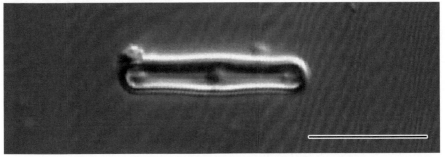

图版 105　泛热带喜湿藻 *Humidophila pantropica* 光镜照片

壳面观，标尺 =10 μm

28. 等列藻属 *Diadesmis* Kützing 1844

壳体较小。壳面两侧对称，呈短棒状、线形或披针形，末端宽圆形。光镜下较难区分点纹及线纹。本属在汉江共发现 1 种。

（82） 丝状等带藻 *Diadesmis confervacea* Kützing　图版 106: 1 ～ 4

鉴定文献: Kützing 1844, p. 109, Fig. 30: 8.

特征描述: 壳体较小，壳面宽披针形，末端圆形，长 14.8 ～ 19 μm，宽 6.5 ～ 7.1 μm。壳缝直，近缝端略膨大呈圆形，远缝端直线形；中轴区近线形，中央区呈椭圆形。横线纹由单列圆形点纹组成，略放射排列，10 μm 内有 24 ～ 26 条。

采样点: H1、H9、H19、H34。

分布: 老灌河、湑水河、池河、将军河。

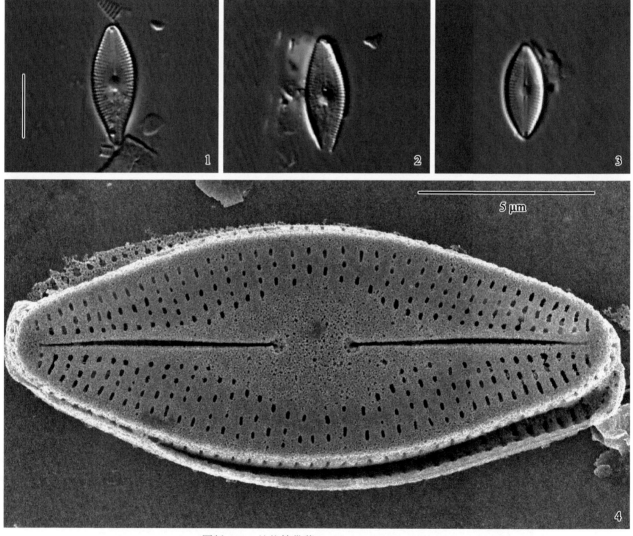

图版 106　丝状等带藻 *Diadesmis confervacea*
1 ～ 3. 光镜照片，壳面观，标尺 =10 μm；4. 电镜照片，外壳面观

29. 泥生藻属 *Luticola* Mann 1990

细胞单生或形成链状群体。壳面线形或披针形，末端钝圆、喙状或头状。在中央区一侧有 1 个孤点。横线纹由单列较大的点纹组成。

本属在汉江共发现 5 种。

（83）圭亚那泥生藻 *Luticola guianaensis* Metzeltin and Levkov（新拟）　图版 107: 1 ~ 8; 108: 1 ~ 6

鉴定文献：Levkov et al. 2013, p. 124, Fig. 165: 1 ~ 30.

特征描述：壳面椭圆状披针形，末端延长呈宽头状，长 19.6 ~ 20.3 μm，宽 8.3 ~ 9.1 μm。壳缝直，近缝端在外壳面呈钩状弯曲，内壳面观近缝端末端直，远缝端弯向壳面同侧；中轴区线形，中央区线形，一侧具 1 个孤点，孤点外壳面开口短裂缝状，内壳面开口被隆起的硅质结构覆盖。横线纹由单列圆形点纹组成，点纹内壳面开口具膜覆盖，略放射排列，10 μm 内有 26 ~ 27 条。

采样点：H1、H34。

分布：老灌河、将军河。

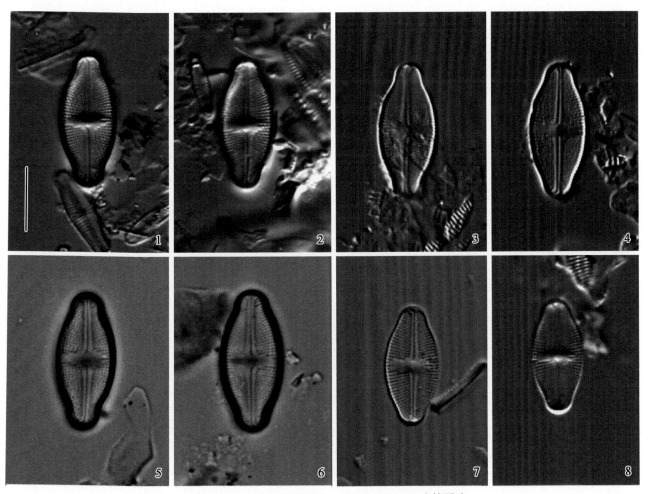

图版 107　圭亚那泥生藻 *Luticola guianaensis* 光镜照片

1 ~ 8. 壳面观，标尺 =10 μm

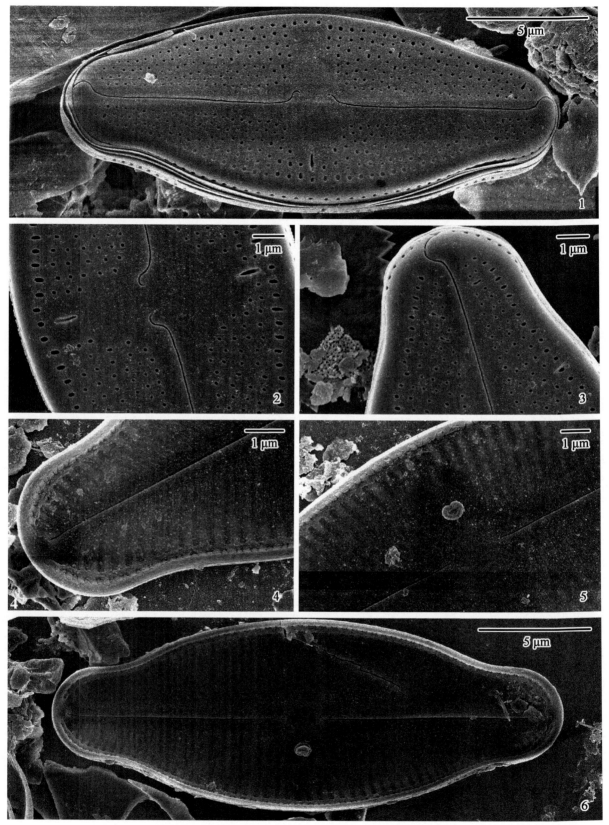

图版 108　　圭亚那泥生藻 *Luticola guianaensis* 电镜照片

外壳面观：1.外壳面整体；2.壳面中部，示近缝端及孤点；3.壳面末端，示远缝端及点纹。

内壳面观：4.壳面末端，示螺旋舌及点纹；5.壳面中部，示近缝端及孤点；6.内壳面整体

（84）赫氏泥生藻 *Luticola hlubikovae* Levkov, Metzeltin and Pavlov（新拟） 图版 109: 1 ～ 5

鉴定文献：Levkov et al. 2013, p. 130, Figs. 55: 18 ～ 29, 57: 1 ～ 7.

特征描述：壳面椭圆状披针形，末端近尖圆，长 17.9 ～ 30.1 μm，宽 7.9 ～ 9.1 μm。壳缝直，近缝端钩状，远缝端"？"形，弯向壳面同侧；中轴区线形，中央区近矩形，一侧有 1 个孤点，孤点外壳面开口短裂缝状。横线纹由单列圆形点纹组成，略放射排列，10 μm 内有 18 ～ 19 条。

采样点：H1、H11、H15、J3。

分布：老灌河、汉江（汉中市）、堰河、金水河。

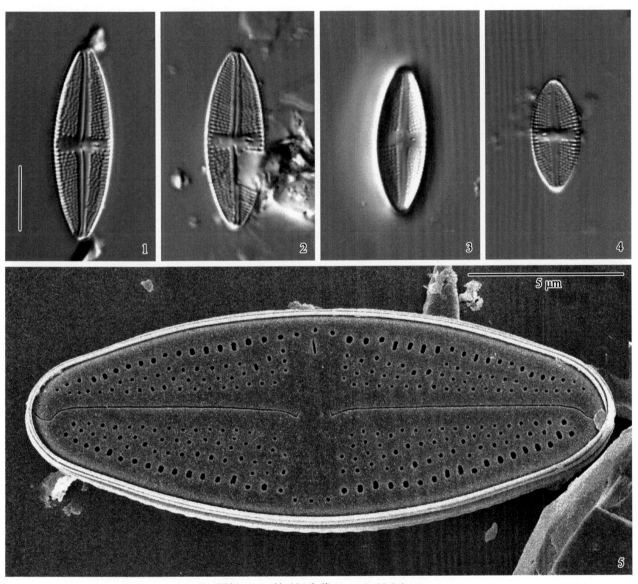

图版 109　赫氏泥生藻 *Luticola hlubikovae*

1 ～ 4. 光镜照片，壳面观，标尺 =10 μm；5. 电镜照片，外壳面观

（85）钝泥生藻 *Luticola mutica* (Kützing) Mann　　图版 110: 1 ～ 5

鉴定文献：Levkov et al. 2007, p. 290, Fig. 68: 31.

特征描述：壳面近椭圆形，末端宽圆，长 12.5 ～ 17.7 μm，宽 6.1 ～ 8.4 μm。壳缝直；中轴区线形，中央区一侧具 1 个孤点。横线纹略放射排列，10 μm 内有 23 ～ 27 条。

采样点：H14、H17。

分布：沮水、牧马河。

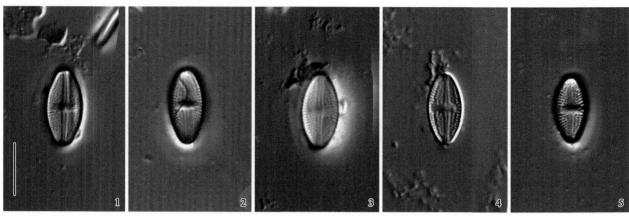

图版 110　钝泥生藻 *Luticola mutica* 光镜照片

1 ～ 5. 壳面观，标尺 =10 μm

（86）近菱形泥生藻 *Luticola pitranensis* Levkov, Metzeltin and Pavlov　　图版 111: 1 ～ 3

鉴定文献：Levkov et al. 2013, p. 187, Figs. 11: 7 ～ 9, 24: 1 ～ 22.

特征描述：壳面披针形，末端略延长尖圆，长 21.3 ～ 24.7 μm，宽 6.6 ～ 7.3 μm。中轴区线形，中央区一侧具 1 个孤点。横线纹略放射排列，10 μm 内有 20 ～ 25 条。

采样点：H30。

分布：汉江（蜀河镇）。

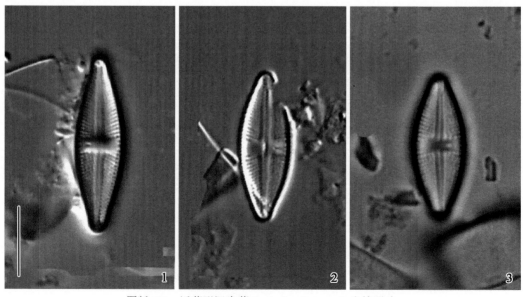

图版 111　近菱形泥生藻 *Luticola pitranensis* 光镜照片

1 ～ 3. 壳面观，标尺 =10 μm

（87）中凸泥生藻 *Luticola ventriconfusa* Lange-Bertalot（新拟） 图版 112: 1 ～ 12

鉴定文献：Lange-Bertalot et al. 2003, p. 72, Fig. 73: 12 ～ 20.

特征描述：壳面近矩形，边缘近三波曲，末端延长呈宽头状，长 16.7 ～ 17.9 μm，宽 6.7 ～ 7.6 μm。中轴区线形，中央区近矩形，一侧具 1 个孤点。横线纹略放射状排列，10 μm 内有 22 ～ 23 条。

采样点：H30。

分布：汉江（蜀河镇）。

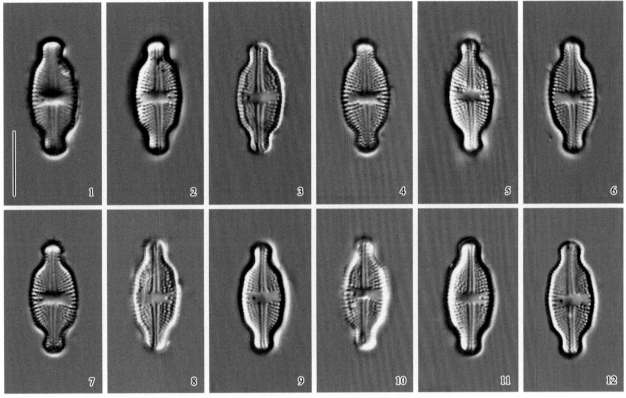

图版 112　中凸泥生藻 *Luticola ventriconfusa* 光镜照片

1 ～ 12. 壳面观，标尺 =10 μm

（十六）短纹藻科 Brachysiraceae

30. 短纹藻属 *Brachysira* Kützing 1836

壳面两侧对称，常呈菱形、椭圆形、线形、披针形等，末端圆形、钝圆形、尖圆形或延长呈头状、喙状。壳缝直，中轴区窄，中央区形状多样。横线纹排列密集，细点状。

本属在汉江共发现 1 种。

（88）近瘦短纹藻 *Brachysira neoexilis* Lange-Bertalot　图版 113: 1 ～ 3

鉴定文献： Metzeltin et al. 2009, Fig. 92: 3 ～ 10.

特征描述： 壳面披针形，末端延长呈头状，长 19.3 ～ 21.4 μm，宽 4.6 ～ 5.1 μm。中轴区窄，中央区椭圆形。横线纹由单列点纹组成，点纹长圆形，排列略不规则。

采样点： Q3、Q8。

分布： 金钱河。

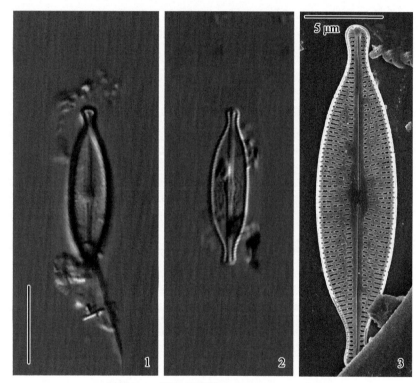

图版 113　近瘦短纹藻 *Brachysira neoexilis*

1 ～ 2. 光镜照片，壳面观，标尺 =10 μm；3. 电镜照片，内壳面观

（十七）长篦藻科 Neidiaceae

31. 长篦藻属 *Neidium* Pfitzer 1871

壳面线形至披针形或椭圆形，末端呈圆形、喙状或头状。壳缝直，近缝端弯向两相反方向，远缝端被瓣状的硅质结构覆盖，呈"Y"形。横线纹由单列点纹组成，壳面两侧具纵线。

本属在汉江共发现 1 种。

（89）楔形长篦藻 *Neidium cuneatiforme* Levkov   图版 114

鉴定文献：Levkov et al. 2007, p. 106, Fig. 114: 1～9.

特征描述：壳面宽椭圆形，端部尖圆，长 34.5 μm，宽 9.5 μm。横线纹 10 μm 有 22 条。

采样点：J1。

分布：金水河。

图版 114　楔形长篦藻 *Neidium cuneatiforme* 光镜照片
壳面观，标尺 =10 μm

（十八）羽纹藻科 Pinnularaiceae

32. 美壁藻属 *Caloneis* Cleve 1894

　　壳面线形、线状披针形、狭披针形至椭圆形，中部常膨大，两端尖或渐圆。壳缝直且两侧线纹平行排列，中部微呈放射状排列。壳面中轴区或壳面两侧有 1 至多条纵线。

　　本属在汉江共发现 3 种。

（90）短角美壁藻 *Caloneis silicula* (Ehrenberg) Cleve　　图版 115: 1 ～ 3

　　鉴定文献：Krammer and Lange-Bertalot 1997a, p. 388, Fig. 172: 9 ～ 13.

　　特征描述：壳面线形至线状披针形，中部略凸出，末端圆形，长 52.5 ～ 58.2 μm，宽 11.3 ～ 12.1 μm。壳缝直；中轴区线状披针形，中央区近椭圆形。横线纹几乎平行排列，10 μm 内有 18 ～ 19 条。

　　采样点：H9、H24、H34。

　　分布：湑水河、黄洋河、将军河。

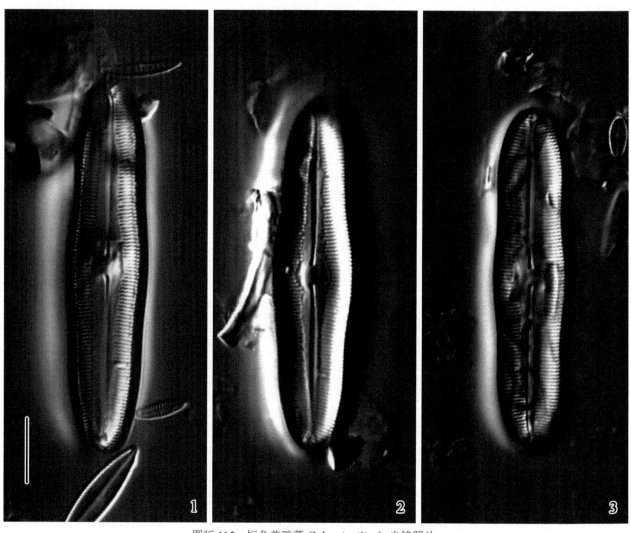

图版 115　短角美壁藻 *Caloneis silicula* 光镜照片
1 ～ 3. 壳面观，标尺 =10 μm

（91）杆状美壁藻 *Caloneis bacillum* (Grunow) Cleve　　图版 116: 1～6

鉴定文献： Krammer and Lange-Bertalot 1997a, p. 390, Fig. 173: 9～20.

特征描述： 壳面线状披针形，末端宽圆，长 24.7～47.2 μm，宽 8.1～10.1 μm。中轴区窄线形，中央区横矩形，延伸至壳缘；壳面边缘具纵线，内壳面观可见较宽的中轴板。横线纹近平行排列，10 μm 内有 16～21 条。

采样点： H1、H11、H17、H22、H27、H34、C3、Q3。

分布： 老灌河、汉江（汉中市）、牧马河、月河、汉江（旬阳县）、将军河、堵河、金钱河。

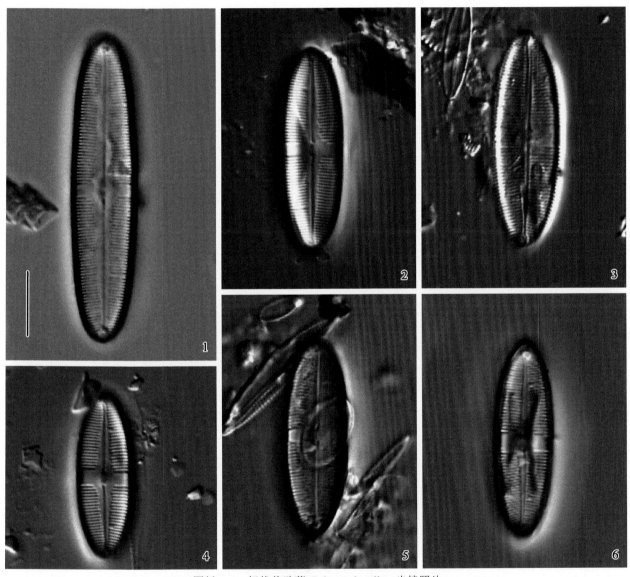

图版 116　杆状美壁藻 *Caloneis bacillum* 光镜照片

1～6. 壳面观，标尺 =10 μm

（92）酸凝乳美壁藻 *Caloneis tarag* **Kulikovskiy, Lange-Bertalot and Metzeltin**（新拟）　图版 117: 1 ～ 6

鉴定文献：Kulikovskiy et al. 2012, p. 452, Fig. 85: 8 ～ 12, 34.

特征描述：壳面线形，末端呈钝圆形，长 13.1 ～ 20.5 μm，宽 3.9 ～ 4.1 μm。壳缝直；中轴区略宽，中央区明显矩形，直达壳缘。横线纹密集，线纹略呈辐射状排列，10 μm 内有 20 ～ 22 条。

采样点：H5、H15、H17、J3。

分布：金水河、堰河、牧马河。

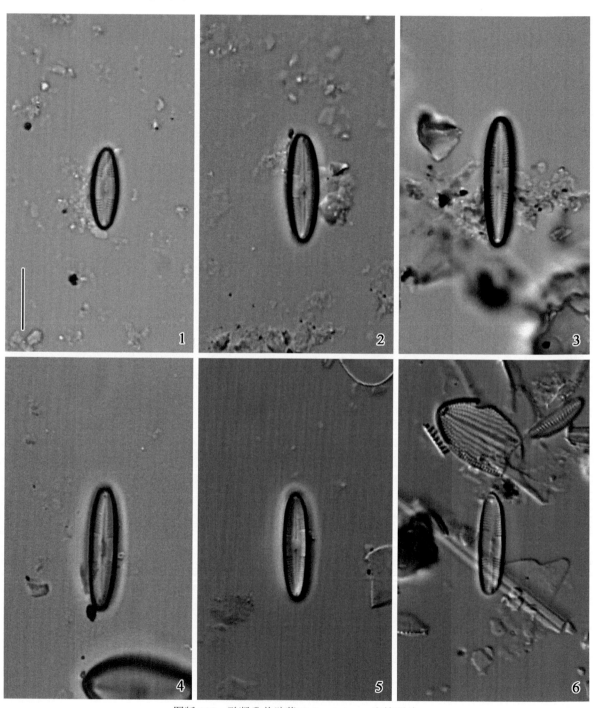

图版 117　酸凝乳美壁藻 *Caloneis tarag* 光镜照片

1 ～ 6. 壳面观，标尺 =10 μm

33. 羽纹藻属 *Pinnularia* Ehrenberg 1843

壳面形态多样。壳缝直或弯，端隙较大，钩状、镰刀状等。具中央节或极节，线纹由多列圆形点纹组成。本属在汉江共发现 2 个种。

（93）腐生羽纹藻 *Pinnularia saprophila* Lange-Bertalot, Kobayasi and Krammer   图版 118: 1 ～ 5

鉴定文献：Krammer 2000, p. 109, Fig. 85: 10 ～ 18.

特征描述：壳面线形至线状披针形，两侧近平行，末端延长呈头状，长 26.6 ～ 35.7 μm，宽 6.3 ～ 6.9 μm。中轴区线形，中央区菱形近矩形，延伸至壳缘。横线纹在中部呈放射状排列，靠近末端会聚，10 μm 内有 11 ～ 13 条。

采样点：H15。

分布：堰河。

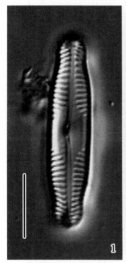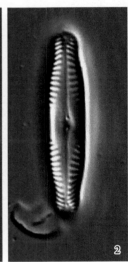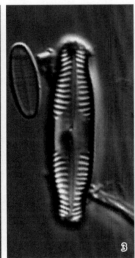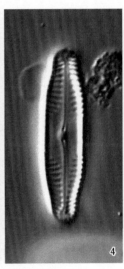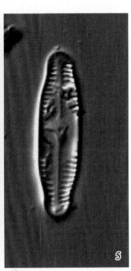

图版 118　腐生羽纹藻 *Pinnularia saprophila* 光镜照片
1 ～ 5. 壳面观，标尺 =10 μm

（94）近弯羽纹藻波曲变种 *Pinnularia subgibba* var. *undulata* Krammer（新拟）　　图版 119: 1 ～ 8

鉴定文献： Krammer 2000, p. 127, Fig. 47: 5.

特征描述： 壳面线形，两侧近平直，两末端延长呈头状，长 49.2 ～ 56.5 μm，宽 8.6 ～ 10.4 μm。中轴区披针形，中央区菱形近矩形。横线纹在壳面中部略放射排列，靠近末端会聚，10 μm 内有 10 ～ 12 条。

采样点： H14、H15。

分布： 沮水、堰河。

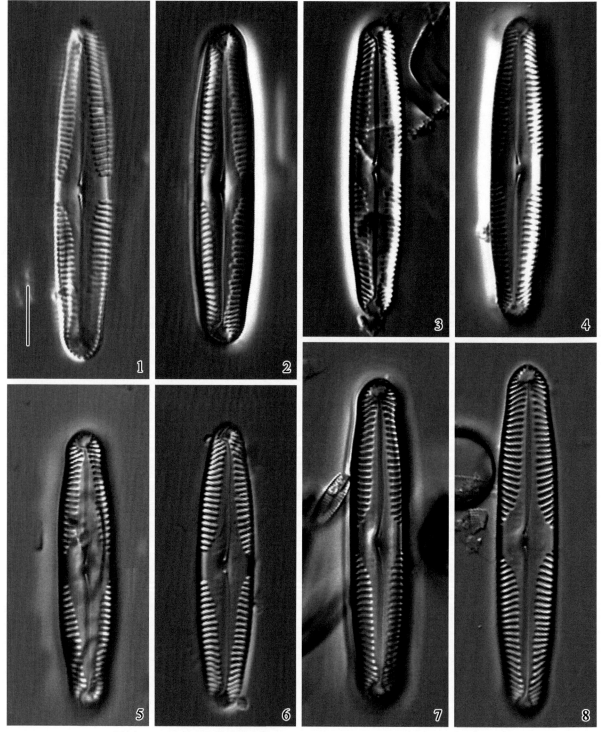

图版 119　近弯羽纹藻波曲变种 *Pinnularia subgibba* var. *undulata* 光镜照片

1 ～ 8. 壳面观，标尺 =10 μm

（十九）鞍型藻科 Sellaphoraceae

34. 鞍型藻属 *Sellaphora* Mereschkowsky 1902

壳面线形至线状椭圆形。壳缝两侧多具纵向的无纹区。内壳面观壳面末端常具横向增厚的条状硅质结构。横线纹由单列或双列点纹组成。

本属在汉江共发现 5 种。

（95）杆状鞍型藻 *Sellaphora bacillum* (Ehrenberg) Mann　　图版 120: 1 ～ 12; 121: 1 ～ 6

鉴定文献：Metzeltin and Witkowski 1996, p. 46, Fig. 7: 17 ～ 20.

特征描述：壳面线状椭圆形，末端宽圆，长 20.5 ～ 34 μm，宽 7.4 ～ 8.7 μm。壳缝直，壳缝两侧具较宽无纹区，近缝端末端略膨大呈小圆形，远缝端弯向壳面同侧，内壳面观螺旋舌隆起明显；中轴区线形，中央区椭圆形。横线纹由单列小圆形点纹组成，点纹内壳面开口具膜覆盖，略放射排列，10 μm 内有 23 ～ 24 条。

采样点：H1、H7、H9、H11、H13、H15、H17、H19、H24、H27、H30、H34、C7、J4、J3。

分布：老灌河、酉水河、湑水河、汉江（汉中市）、汉江（勉县）、堰河、牧马河、池河、黄洋河、汉江（旬阳县）、汉江（蜀河镇）、将军河、金水河、堵河。

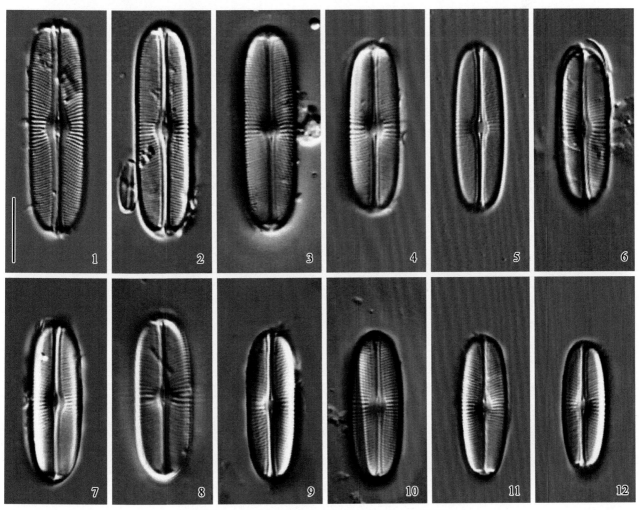

图版 120　杆状鞍型藻 *Sellaphora bacillum* 光镜照片

1 ～ 12. 壳面观，标尺 =10 μm

图版 121　杆状鞍型藻 *Sellaphora bacillum* 电镜照片

外壳面观：1. 外壳面整体；3. 壳面末端，示远缝端；5. 壳面中部，示近缝端。

内壳面观：2. 壳面中部，示近缝端及点纹；4. 壳面末端，示螺旋舌；6. 内壳面整体

（96）缢缩鞍型藻 *Sellaphora constrictum* Kociolek and You（新拟）　图版 122: 1 ～ 6

鉴定文献：You et al. 2017, Figs. 261 ～ 268.

特征描述：壳面近椭圆形，中部略缢缩，末端钝圆，长 29.5 ～ 49.5 μm，宽 9.5 ～ 10.5 μm。壳缝波曲，两侧具略凹的硅质槽，近缝端小圆形，远缝端弯向壳面同侧；中轴区窄，中央区近椭圆形。横线纹由单列小圆形点纹组成，略放射排列，10 μm 内有 13 ～ 15 条。

采样点：H7、H17、H24、H28、H34、Q8。

分布：酉水河、牧马河、黄洋河、旬河、将军河、金钱河。

图版 122　缢缩鞍型藻 *Sellaphora constrictum*

1 ～ 5. 光镜照片，壳面观，标尺 =10 μm；6. 电镜照片，外壳面观

（97）瞳孔鞍型藻 *Sellaphora pupula* Mereschkowsky　　图版 123: 1 ～ 12

鉴定文献： Lange-Bertalot et al. 1996, p. 282, Fig. 82: 4 ～ 5.

特征描述： 壳面线状披针形，中部略膨大，向两端渐狭，末端略延长宽圆，长 14.7 ～ 21.7 μm，宽 5.9 ～ 7.3 μm。壳缝直，两侧具略凹陷的硅质槽，近缝端略膨大近圆形，远缝端弯向壳面同侧；中轴区窄线形，中央区蝴蝶结形。横线纹放射排列，10 μm 内有 20 ～ 22 条。

采样点： H9、H13、H15、H17、H19、H22、H24、H27、H34、Q3、J3。

分布： 湑水河、汉江（勉县）、堰河、牧马河、池河、月河、黄洋河、汉江（旬阳县）、将军河、金钱河、金水河。

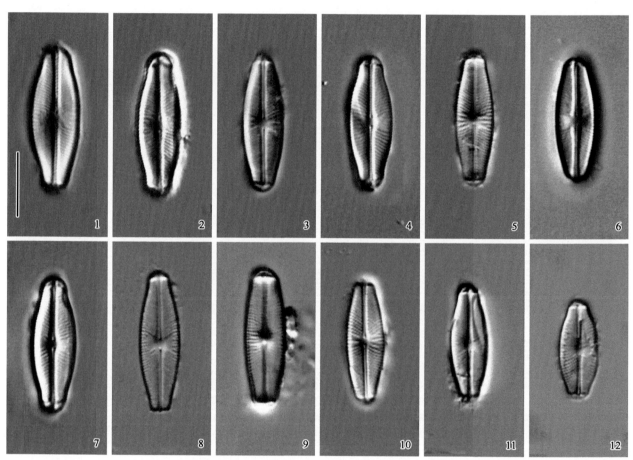

图版 123　瞳孔鞍型藻 *Sellaphora pupula* 光镜照片

1 ～ 12. 壳面观，标尺 =10 μm

（98）施氏鞍型藻 *Sellaphora stroemii* **(Hustedt) Kobayasi**（新拟）　图版 124: 1～5

鉴定文献：Bey and Ector 2013, p. 723, Figs. 1～4.

特征描述：壳体较小，线形，末端宽圆形，长 9.9～11.5 μm，宽 3.8～3.9 μm。中轴区窄线形，中央区菱形近圆形。横线纹略放射排列，10 μm 内有 20～22 条。

采样点：H7、B10、J4、Q3。

分布：酉水河、褒河、金水河、金钱河。

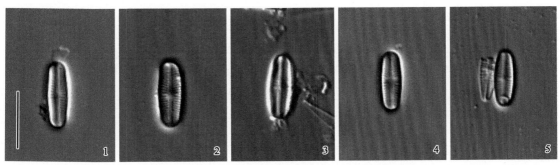

图版 124　施氏鞍型藻 *Sellaphora stroemii* 光镜照片

1～5. 壳面观，标尺 =10 μm

（99）腹糊鞍型藻 *Sellaphora ventraloconfusa* **(Lange-Bertalot) Metzeltin and Lange-Bertalot** 图版 125: 1～6

鉴定文献：Metzeltin and Lange-Bertalot 1998, p. 212.

特征描述：壳面线状椭圆形，末端延长呈头状，长 14.8～18.2 μm，宽 4.6～5.1 μm。壳缝略波曲，近缝端略膨大，远缝端弯向壳面同侧；中轴区线形，中央区蝴蝶结形。横线纹由单列小圆形点纹组成，放射排列，10 μm 内有 21～25 条。

采样点：H27、C7、J3。

分布：汉江（旬阳县）、堵河、金水河。

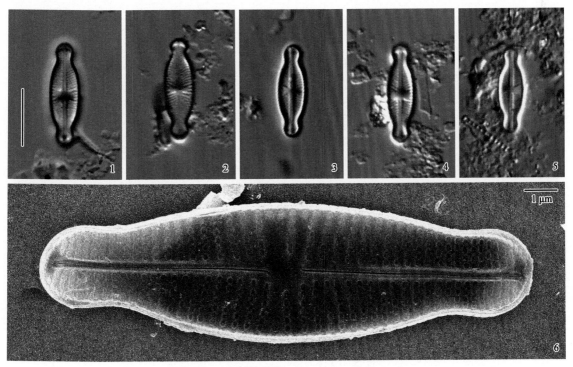

图版 125　腹糊鞍型藻 *Sellaphora ventraloconfusa*

1～5. 光镜照片，壳面观，标尺 =10 μm；6. 电镜照片，内壳面观

（二十）双壁藻科 Diploneidaceae

35. 双壁藻属 *Diploneis* (Ehrenberg) Cleve 1894

壳面椭圆形、卵圆形、菱状椭圆形或线状椭圆形，末端钝圆形。中轴区侧缘形成硅质的角状凸起；纵沟宽或狭，呈线形至披针形。横线纹辐射状排列。

本属在汉江共发现 2 种。

（100）长圆双壁藻 *Diploneis oblongella* (Naegeli) Cleve-Euler　　图版 126: 1 ～ 4

鉴定文献：Krammer and Lange-Bertalot 1997a, p. 287, Fig. 108: 7 ～ 10.

特征描述：壳面椭圆形，末端圆形，长 16.7 μm，宽 7.9 μm。壳缝直，近缝端略弯曲，远缝端弯向壳面相同方向；中轴区线形，中央区小呈椭圆形。横线纹由单列圆形较大的点纹组成，点纹外壳面具结构复杂的筛板覆盖，呈放射状排列，10 μm 内有 16 条。

采样点：H13、H24。

分布：汉江（勉县）、黄洋河。

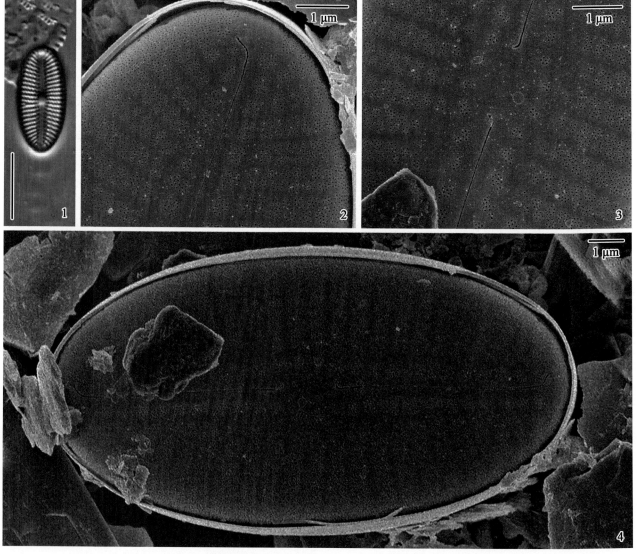

图版 126　长圆双壁藻 *Diploneis oblongella*

1. 光镜照片，壳面观，标尺 =10 μm。2 ～ 4. 电镜照片，外壳面观：2. 壳面末端，示远缝端及点纹；

3. 壳面中部，示近缝端及点纹；4. 外壳面整体

（101）美丽双壁藻 *Diploneis puella* **(Schuman) Cleve** 图版 127: 1～12

鉴定文献：Krammer and Lange-Bertalot 1997a, p. 289, Fig. 109: 15～16.

特征描述： 壳面椭圆形，末端宽圆，长 10.9～18.1 μm，宽 5.7～8.3 μm。中轴区线形，中央区近圆形。横线纹在壳面中部近平行排列，靠近末端略呈放射状排列，10 μm 内有 16～19 条。

采样点： H7、H24、H28、H34、C7、Q3、Q8。

分布： 酉水河、黄洋河、旬河、将军河、堵河、金钱河。

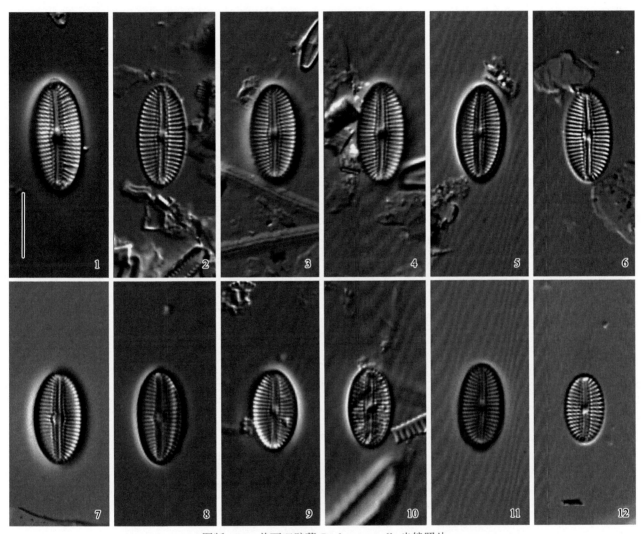

图版 127　美丽双壁藻 *Diploneis puella* 光镜照片

1～12. 壳面观，标尺 =10 μm

（二十一）舟形藻科 Naviculaceae

36. 盖斯勒藻属 *Geissleria* Lange-Bertalot and Metzeltin 1996

壳面形状多样，末端头状或喙状凸起。壳缝直；中轴区窄，中央区明显。横线纹由短裂缝状的点纹组成，常呈放射状排列。

本属在汉江共发现 1 种。

（102）十字形盖斯勒藻 *Geissleria decussis* (Østrup) Lange-Bertalot and Metzeltin   图版 128: 1 ～ 3

鉴定文献：Metzeltin and Lange-Bertalot 2007, p. 500, Fig. 117: 24 ～ 25.

特征描述： 壳面披针形，末端延长呈头状，长 22.8 ～ 23.4 μm，宽 6.8 ～ 7.5 μm。中轴区窄线形，中央区近蝴蝶结形。横线纹放射状排列，在 10 μm 内有 16 ～ 17 条。

采样点： H9、H11、H15、J2。

分布： 湑水河、汉江（汉中市）、堰河、金水河。

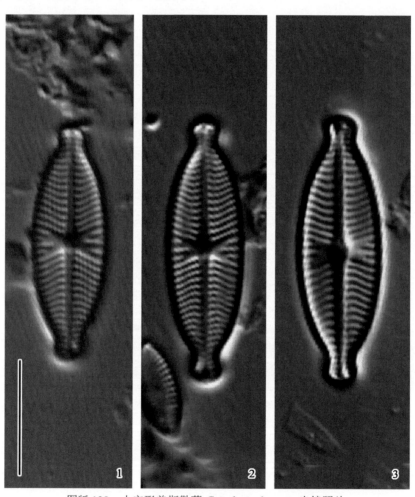

图版 128　十字形盖斯勒藻 *Geissleria decussis* 光镜照片

1 ～ 3. 壳面观，标尺 =10 μm

37. 布纹藻属 *Gyrosigma* Hassall 1845

壳面弯曲成"S"形，末端喙状、钝圆或刀形。壳缝位于壳面中部，近"S"形。横线纹多由单列点纹组成，排列紧密。

本属在汉江共发现 2 种。

（103）刀状布纹藻 *Gyrosigma scalproides* (Rabenhorst) Cleve　　图版 129: 1 ~ 4; 130: 1 ~ 6

鉴定文献：Krammer and Lange-Bertalot 1997a, p. 299, Fig. 116: 3.

特征描述：壳面线形至近"S"形，末端圆形，长 56.7 ~ 67.1 μm，宽 8.8 ~ 10 μm。壳缝近缝端"T"形，远缝端弧形，弯向壳面两相反方向；中央区小，近椭圆形。横线纹由单列点纹组成，点纹外壳面开口短裂缝状，内壳面开口具膜覆盖，近平行排列，在 10 μm 内有 22 ~ 23 条。

采样点：H17、H34、B10、J3。

分布：牧马河、将军河、褒河、金水河。

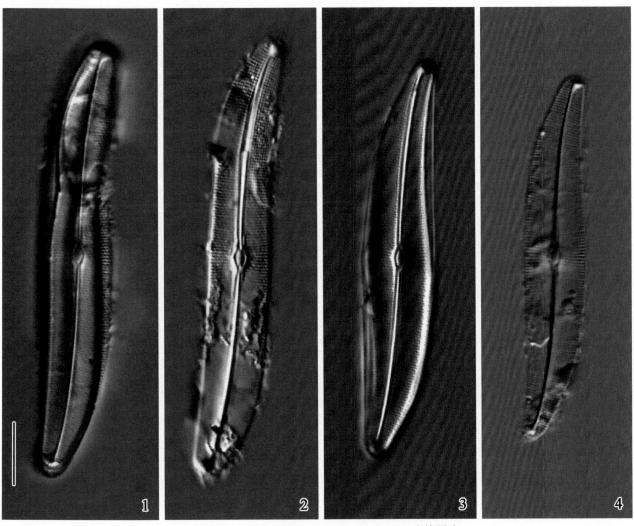

图版 129　刀状布纹藻 *Gyrosigma scalproides* 光镜照片

1 ~ 4. 壳面观，标尺 =10 μm

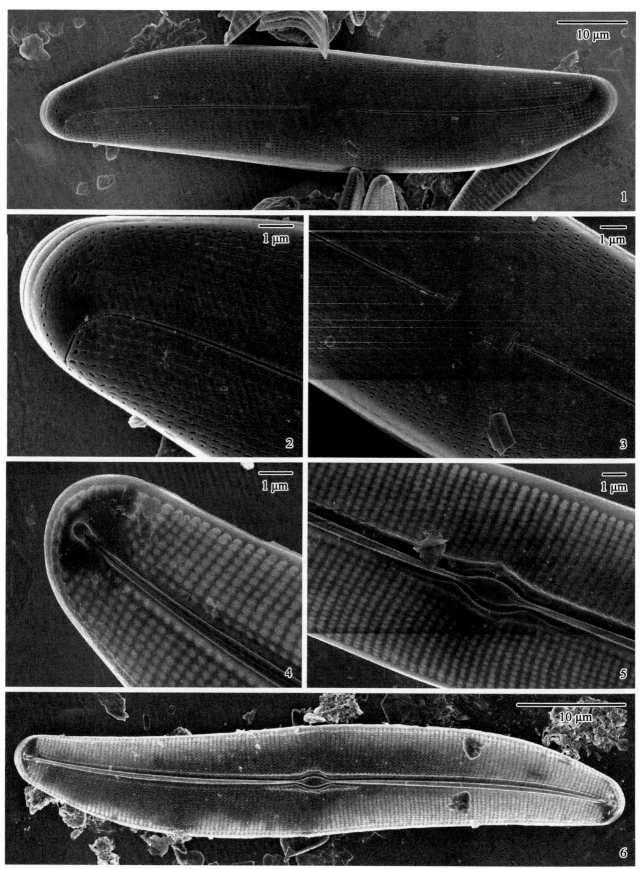

图版 130　　刀状布纹藻 *Gyrosigma scalproides* 电镜照片

外壳面观：1. 外壳面整体；2. 壳面末端，示远缝端及点纹；3. 壳面中部，示近缝端及点纹。

内壳面观：4. 壳面末端，示螺旋舌及点纹；5. 壳面中部，示近缝端及中央区；6. 内壳面整体

（104）尖布纹藻 *Gyrosigma acuminatum* (Kützing) Rabenhorst　　图版 131: 1 ～ 3; 132: 1 ～ 6

鉴定文献: Krammer and Lange-Bertalot 1997a, p. 296, Fig. 114: 4, 8.

特征描述: 壳面狭"S"形，从中部向两端逐渐变狭，末端圆形，长 90.6 ～ 106.1 μm，宽 8.3 ～ 11.9 μm。壳缝近缝端钩状，弯向两相反方向，远缝端弧形；中轴区"S"形，中央区近椭圆形。横线纹由单列短裂缝状点纹组成，点纹内壳面开口具膜覆盖，排列紧密，在 10 μm 内有 20 ～ 21 条。

采样点: H11、H13、H17、H30、J7、Q3。

分布: 汉江（汉中市）、汉江（勉县）、牧马河、汉江（蜀河镇）、金水河、金钱河。

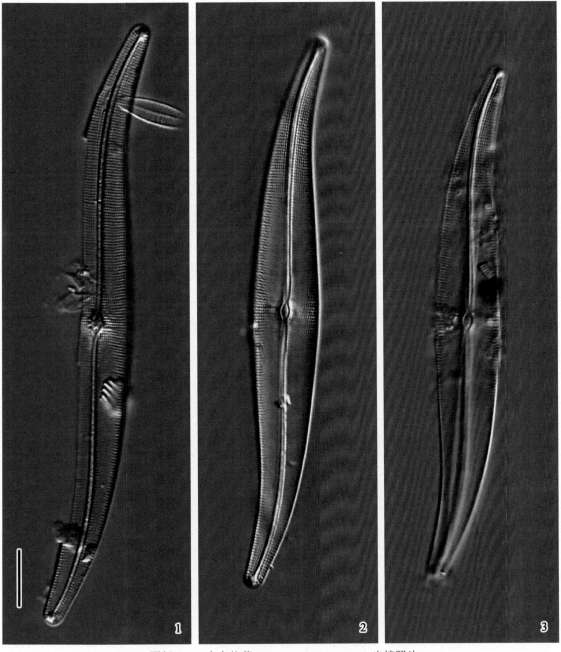

图版 131　尖布纹藻 *Gyrosigma acuminatum* 光镜照片

1 ～ 3. 壳面观，标尺 =10 μm

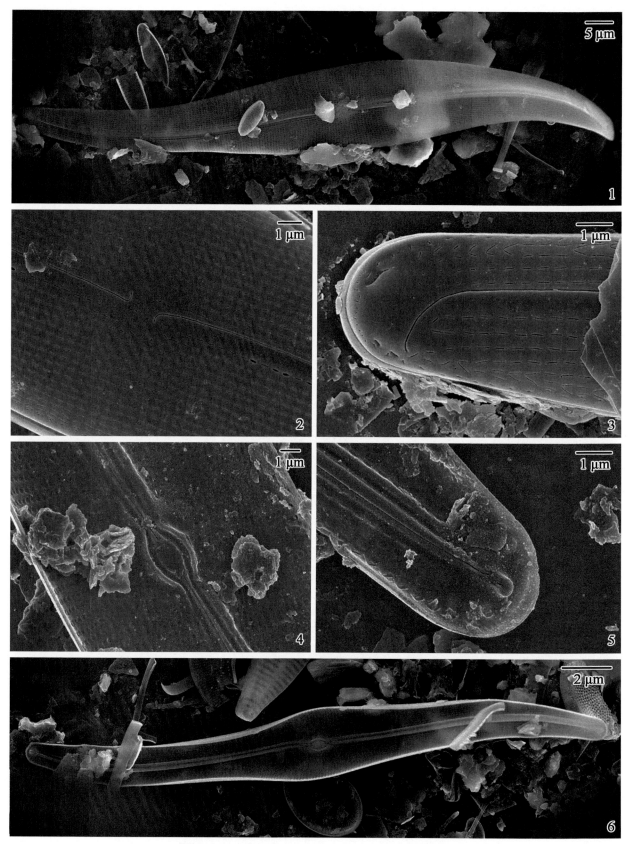

图版 132 尖布纹藻 *Gyrosigma acuminatum* 电镜照片

外壳面观：1. 外壳面整体；2. 壳面中部，示近缝端及点纹；3. 壳面末端，示远缝端及点纹。

内壳面观：4. 壳面中部，示近缝端及中央区；5. 壳面末端，示螺旋舌及点纹；6. 内壳面整体

38. 蹄形藻属 *Hippodonta* Lange-Bertalot, Metzelt in and Witkowski 1996

壳面多呈披针形或椭圆状披针形，末端头状、亚头状、宽圆形、尖圆形或喙状突起。壳缝直，横线纹由双列点纹组成。

本属在汉江共发现 1 种。

（105）头状蹄形藻 *Hippodonta capitata* (Ehrenberg) Lange-Bertalot et al.   图版 133: 1 ～ 2

鉴定文献： Lange-Bertalot 2001, p. 386, Fig. 75: 1 ～ 6.

特征描述： 壳面椭圆状披针形，末端延长呈头状，长 13.5 ～ 19.2 μm，宽 5.2 ～ 6.5 μm。壳缝直；中轴区窄，中央区不明显。横线纹在壳面中部呈放射状排列，向末端渐平行，10 μm 内线纹有 11 ～ 12 条。

采样点： H7、H17。

分布： 酉水河、牧马河。

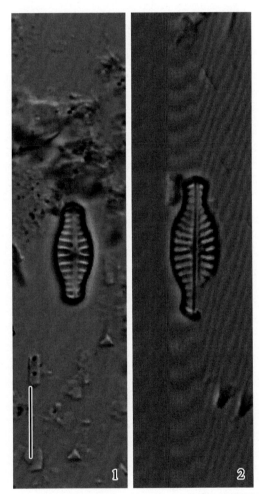

图版 133　头状蹄形藻 *Hippodonta capitata* 光镜照片

1 ～ 2. 壳面观，标尺 =10 μm

39. 舟形藻属 *Navicula* Bory de St.-Vincent 1822

壳面舟形，形态多样，沿纵轴横轴均对称。壳缝直。中轴区较狭，中央区明显。横线纹通常呈放射状或近平行状排列。

本属在汉江共发现 12 个种。

（106）拟两头舟形藻 *Navicula amphiceropsis* Lange-Bertalot and Rumrich（新拟）　图版 134: 1 ～ 6; 135: 1 ～ 6

鉴定文献： Lange-Bertalot 2001, p. 304, Fig. 34: 8 ～ 15.

特征描述： 壳面线形，末端延长呈小头状，长 31.9 ～ 38.5 μm，宽 7.3 ～ 9.2 μm。壳缝直，近缝端呈小钩状，弯向壳面同侧，远缝端"？"形；内壳面观壳缝位于略隆起的胸骨上，近缝端略弯，远缝端终止于螺旋舌；中轴区窄，呈线形，中央区明显，近圆形。横线纹由单列纵向短裂缝状的点纹组成，在壳面中部呈放射状排列，末端略会聚，在 10 μm 内有 11 ～ 14 条。

采样点： H9、H15、H17、H22、H27、H30、J3、J4、J9、Q8。

分布： 湑水河、堰河、牧马河、月河、汉江（旬阳县）、汉江（蜀河镇）、金水河、金钱河。

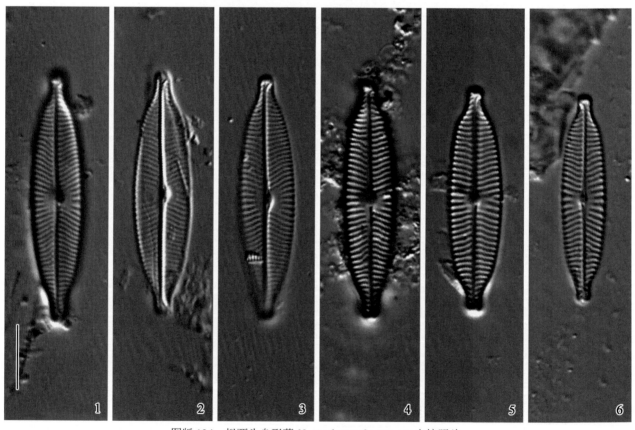

图版 134　拟两头舟形藻 *Navicula amphiceropsis* 光镜照片

1 ～ 6. 壳面观，标尺 =10 μm

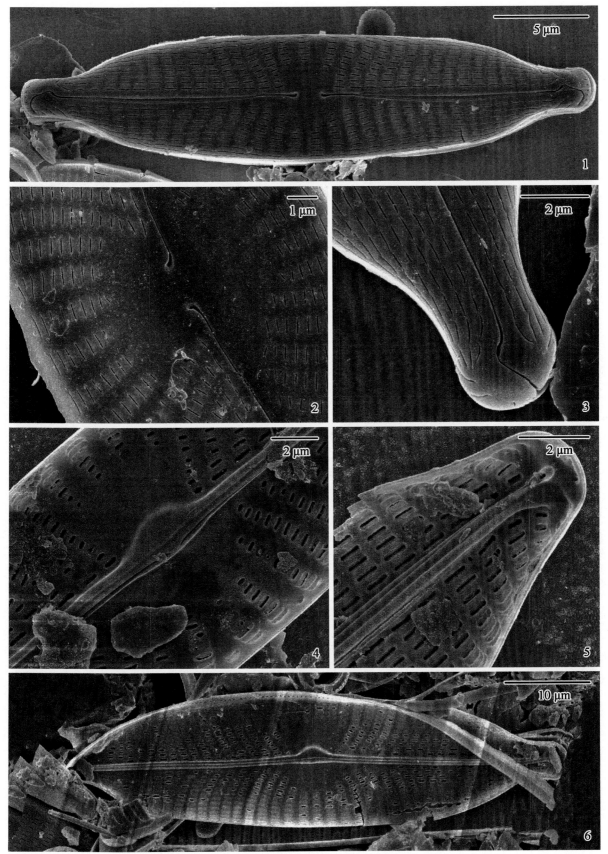

图版 135　拟两头舟形藻 *Navicula amphiceropsis* 电镜照片

外壳面观：1. 外壳面整体；2. 壳面中部，示近缝端及中央区；3. 壳面末端，示远缝端及点纹。

内壳面观：4. 壳面中部，示近缝端及胸骨；5. 壳面末端，示螺旋舌及点纹；6. 内壳面整体

（107）布勒茨舟形藻 *Navicula broetzii* Lange-Bertalot and Reichardt（新拟）　图版 136: 1 ～ 8

鉴定文献： Lange-Bertalot 2001, p. 250, Fig. 7: 1 ～ 8.

特征描述： 壳面舟形，末端尖圆，长 30.5 ～ 38.6 μm，宽 5.1 ～ 6.8 μm。壳缝直，近缝端略膨大，远缝端"？"形；中轴区较窄呈线形；中央区菱形近圆形。横线纹由单列纵向短裂缝状点纹组成，在壳面中部呈放射状排列，末端近平行排列，在 10 μm 内有 13 ～ 16 条。

采样点： H1、H9、H15、H17、H22、H27、H30、J1、J3、J4。

分布： 老灌河、淯水河、堰河、牧马河、月河、汉江（旬阳县）、汉江（蜀河镇）、金水河。

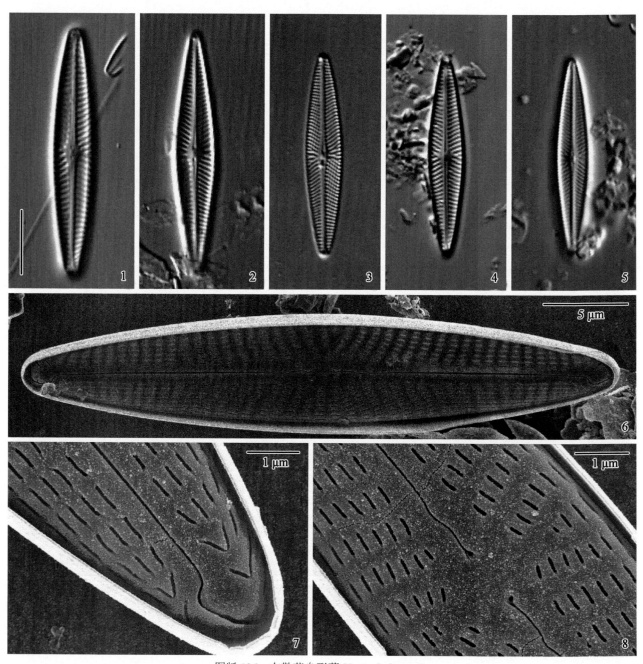

图版 136　布勒茨舟形藻 *Navicula broetzii*

1 ～ 5. 光镜照片，壳面观，标尺 =10 μm。6 ～ 8. 电镜照片，外壳面观：6. 外壳面整体；
7. 壳面末端，示远缝端及点纹；8. 壳面中部，示近缝端及点纹

（108）管舟形藻 *Navicula canalis* Patrick　　图版 137: 1 ～ 7

鉴定文献：Manoylov and Hamilton 2010.

特征描述：壳面线形披针形，末端延长呈小头状，长 24.3 ～ 24.5 μm，宽 5.2 ～ 5.3 μm。内壳面观壳缝位于略隆起的胸骨上，近缝端略弯，远缝端终止于螺旋舌；中轴区窄线形，中央区不明显。横线纹由单列点纹组成，点纹内壳面开口近长圆形，横线纹在壳面中部呈辐射状排列，末端略会聚，10 μm 内有 15 ～ 16 条。

采样点：H27、J3。

分布：汉江（旬阳县）、金水河。

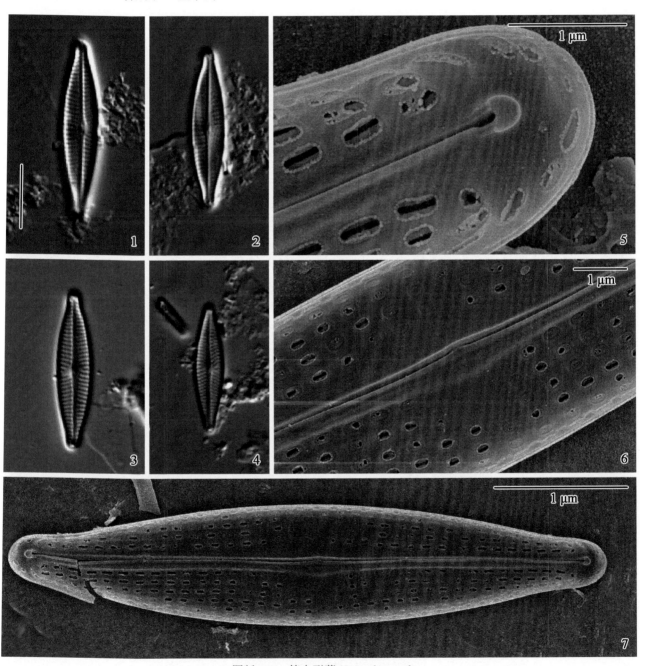

图版 137　管舟形藻 *Navicula canalis*

1 ～ 4. 光镜照片，壳面观，标尺 =10 μm。5 ～ 7. 电镜照片，内壳面观：5. 壳面末端，示螺旋舌及点纹；

6. 壳面中部，示近缝端及胸骨；7. 内壳面整体

（109）辐头舟形藻 *Navicula capitatoradiata* Germain　图版 138: 1 ～ 12; 139: 1 ～ 6

鉴定文献：Lange-Bertalot 2001, p. 294, Fig. 29: 15 ～ 20.

特征描述：壳面线状披针形，末端延伸呈小头状，长 27.8 ～ 35.9 μm，宽 7.1 ～ 8.0 μm。壳缝直，近缝端小钩状，远缝端"？"形；中轴区较窄，呈线形，中央区略膨大，近圆形。横线纹由单列短裂缝状点纹组成，点纹内壳面开口具膜覆盖，横线纹在壳面中部呈放射状排列，末端略会聚，10 μm 内有 14 ～ 16 条。

采样点：H1、H5、H9、H10、H11、H13、H14、H15、H17、H19、H22、H24、H27、H28、H29、H30、H34、C7、J4、J7、J10、、Q3、J3。

分布：老灌河、金水河、湑水河、汉江（城固县）、汉江（汉中市）、汉江（勉县）、沮水、堰河、牧马河、池河、月河、黄洋河、汉江（旬阳县）、旬河、蜀河、汉江（蜀河镇）、将军河、堵河、金钱河。

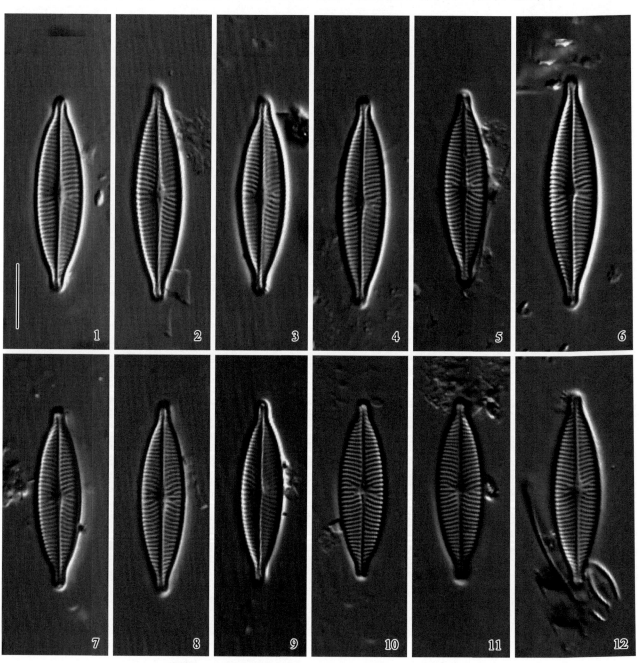

图版 138　辐头舟形藻 *Navicula capitatoradiata* 光镜照片

1 ～ 12. 壳面观，标尺 =10 μm

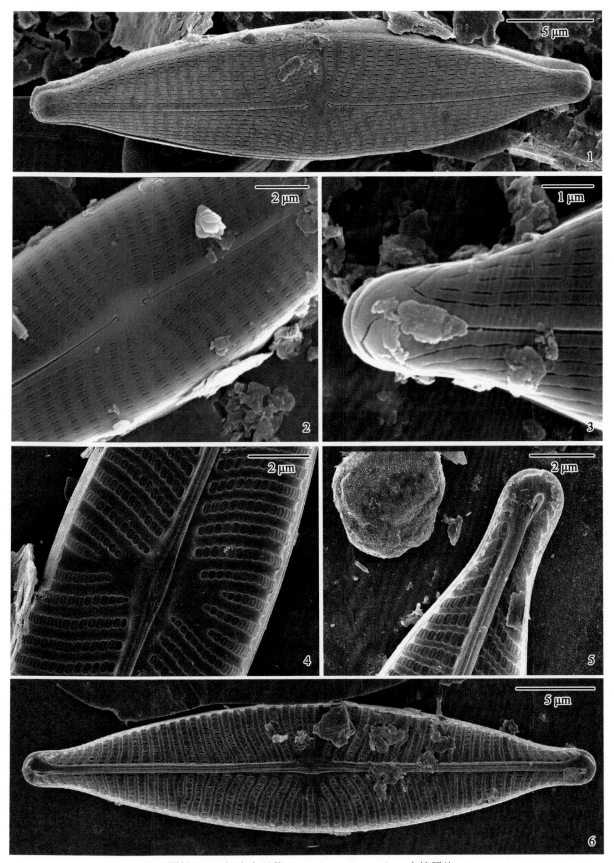

图版 139　辐头舟形藻 *Navicula capitatoradiata* 电镜照片

外壳面观：1. 外壳面整体；2. 壳面中部，示近缝端及中央区；3. 壳面末端，示远缝端及点纹。

内壳面观：4. 壳面中部，示近缝端及胸骨；5. 壳面末端，示螺旋舌及点纹；6. 内壳面整体

（110）*Navicula* cf. *antonii* Lange-Bertalot　　图版 140: 1～8; 141: 1～3

鉴定文献：Levkov et al. 2007, p. 238, Fig. 42: 14～17.

特征描述：壳面近椭圆形，末端宽圆，长 17.1～21.2 μm，宽 5.8～7.6 μm。壳缝直，近缝端膨大，近水滴形，远缝端"？"形，内壳面观，壳缝位于略隆起的胸骨上；中轴区窄线形，中央区略膨大，菱形近圆形。点纹单列，外壳面开口纵向短裂缝状，内壳面开口近长圆形，具膜覆盖。横线纹在壳面中部近平行排列，靠近末端略会聚，10 μm 内有 12～13 条。

采样点：H1、H11、H17、H27、H33、H34、C7、J3。

分布：老灌河、汉江（汉中市）、牧马河、汉江（旬阳县）、汉江（羊尾镇）、将军河、堵河、金水河。

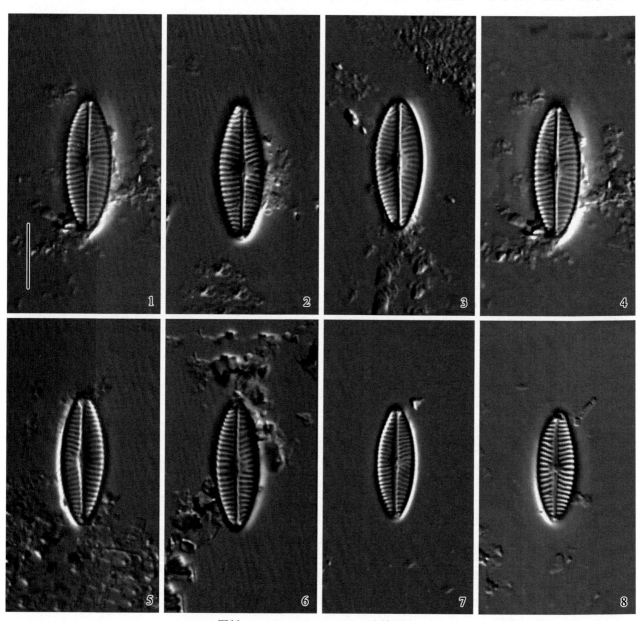

图版 140　*Navicula* cf. *antonii* 光镜照片

1～8. 壳面观，标尺 =10 μm

图版 141 *Navicula* cf. *antonii* 电镜照片

1～2.外壳面观；3.内壳面观

（111）隐头舟形藻 *Navicula cryptocephala* **Küzing**　　图版 142: 1 ～ 6

鉴定文献： Lange-Bertalot 2001, p. 272, Fig. 18: 9 ～ 20.

特征描述： 壳面披针形，末端延长，近小头状，长 33.3 ～ 41.8 μm，宽 8.0 ～ 9.9 μm。中轴区较窄，呈线形；中央区略膨大，呈椭圆形。横线纹放射状排列，10 μm 内有 11 ～ 13 条。

采样点： H7、H17、H24、H34。

分布： 酉水河、牧马河、黄洋河、将军河。

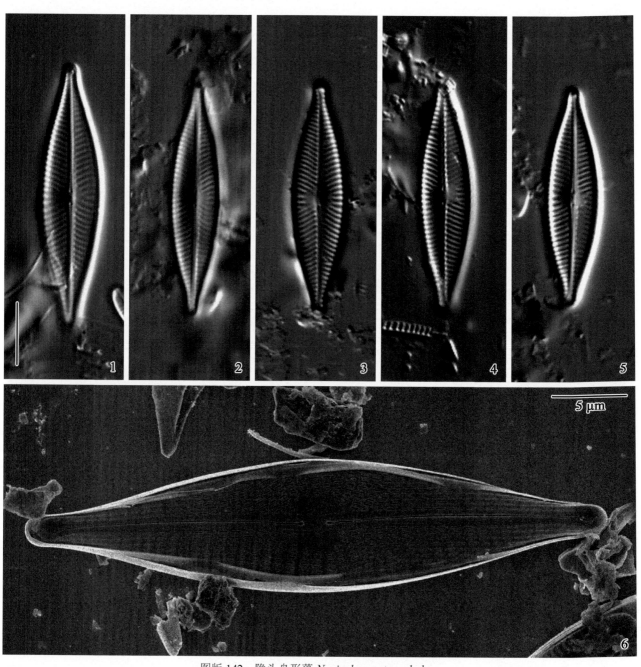

图版 142　隐头舟形藻 *Navicula cryptocephala*

1 ～ 5. 光镜照片，壳面观，标尺 =10 μm；6. 电镜照片，外壳面观

（112）群生舟形藻 *Navicula gregaria* Donkin　　图版 143: 1 ～ 6

鉴定文献： Lange-Bertalot 2001, p. 312, Fig. 38: 8 ～ 18.

特征描述： 壳面线状椭圆形，末端延长呈小头状，长 17.6 ～ 24.7 μm，宽 4.9 ～ 6.5 μm。壳缝直；中轴区窄线形，中央区近椭圆形。横线纹在壳面中部呈近平行排列，末端略会聚，10 μm 内有 18 ～ 22 条。

采样点： H9、H27、H30、H34、Q3。

分布： 湑水河、汉江（旬阳县）、汉江（蜀河镇）、将军河、金钱河。

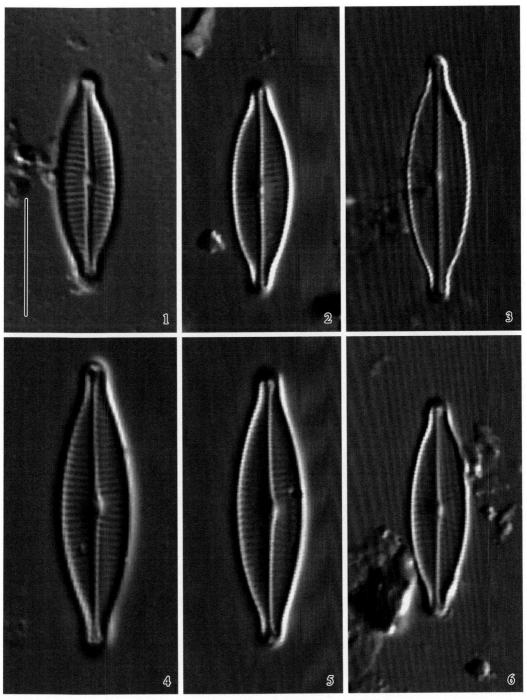

图版 143　群生舟形藻 *Navicula gregaria* 光镜照片

1 ～ 6. 壳面观，标尺 =10 μm

（113）莱因哈德舟形藻 *Navicula reinhardtii* (Grunow) Grunow　　图版 144: 1

鉴定文献：Lange-Bertalot 2001, p. 242, pl. 3, Fig. 3: 1～5.

特征描述：壳面宽披针形，末端宽圆，长 58.1 μm，宽 15.1 μm。中轴区线形，中央区膨大，菱形椭圆形。横线纹在壳面中部呈放射状排列，末端近平行，10 μm 内有 8 条。

采样点：H5。

分布：金水河。

（114）三点舟形藻 *Navicula tripunctata* (Müller) Bory　　图版 144: 2

鉴定文献：Lange-Bertalot 2001, p. 238, Fig. 1: 1～8.

特征描述：壳面线形，末端尖圆，长 41.1 μm，宽 8.3 μm。中轴区窄线形，中央区近矩形。横线纹平行排列，10 μm 内有 11 条。

采样点：H5。

分布：金水河。

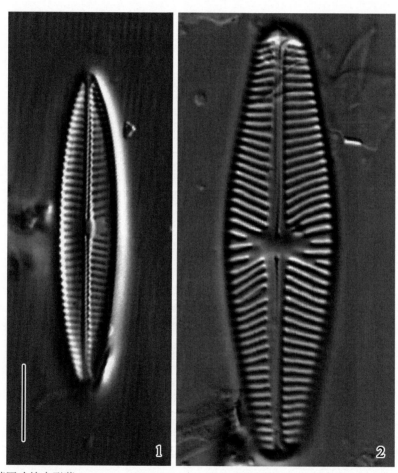

图版 144　莱因哈德舟形藻 *Navicula reinhardtii*（左）和三点舟形藻 *Navicula tripunctata*（右）光镜照片

1～2. 壳面观，标尺 =10 μm

（115）霍夫曼舟形藻 *Navicula hofmanniae* Reichardt（新拟）   图版 145: 1 ～ 11

鉴定文献: Lange-Bertalot 2001, p. 276, Fig. 20: 18 ～ 25.

特征描述: 壳面线状披针形，末端略延长呈短喙状，长 24.5 ～ 34.5 μm，宽 6.7 ～ 9.2 μm。壳缝直，近缝端膨大呈小圆形，远缝端"？"形；中轴区窄线形，中央区菱形至近椭圆形。点纹单列，纵向短裂缝状。横线纹在壳面中部放射排列，末端近平行，10 μm 内有 13 ～ 14 条。

采样点: H24、H27、H34、C7、J2、J4、J7、J3。

分布: 黄洋河、汉江（旬阳县）、将军河、堵河、金水河。

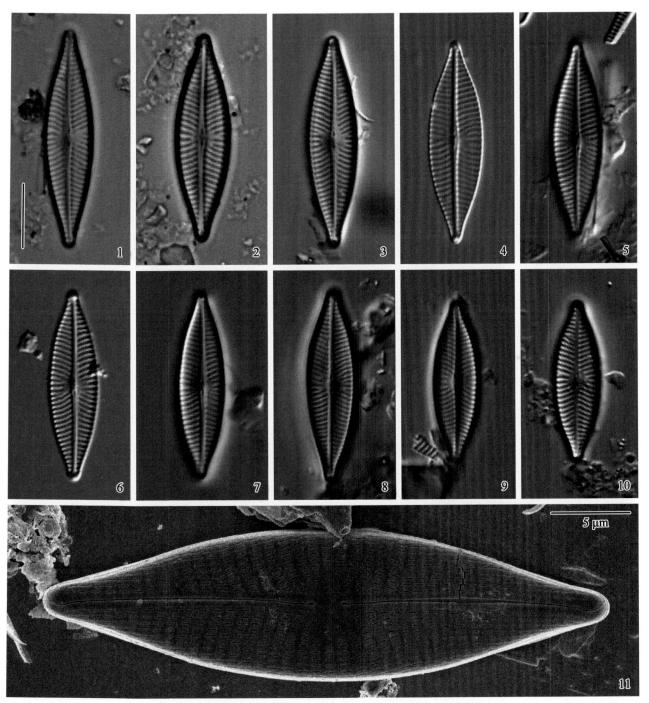

图版 145　霍夫曼舟形藻 *Navicula hofmanniae*

1 ～ 10. 光镜照片，壳面观，标尺 =10 μm；11. 电镜照片，外壳面观

（116）雷氏舟形藻 *Navicula leistikowii* **Lange-Bertalot**　　图版 146: 1 ~ 10

鉴定文献：Lange-Bertalot 2001, p. 268, Fig. 16: 1 ~ 10.

特征描述： 壳面线状椭圆形，末端圆形，长 13.6 ~ 24.1 μm，宽 4.4 ~ 6.1 μm。壳缝直，近缝端膨大近水滴形，远缝端 "？" 形，弯向壳面同侧，螺旋舌隆起；中轴区线形，中央胸骨一侧隆起明显，中央区菱形至近圆形。点纹单列，外壳面开口呈短裂缝状。横线纹在壳面中部放射排列，末端略会聚，10 μm 内有 15 ~ 17 条。

采样点： H5、H7、H9、H11、H13、H14、H15、H17、H22、H24、H27、H28、H30、H34、B3、J3、J4、J7、Q3。

分布： 金水河、酉水河、湑水河、汉江（汉中市）、汉江（勉县）、沮水、堰河、牧马河、月河、黄洋河、汉江（旬阳县）、旬河、汉江（蜀河镇）、将军河、褒河、金钱河。

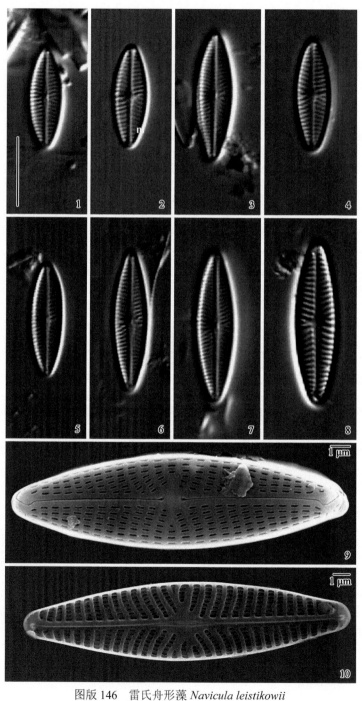

图版 146　雷氏舟形藻 *Navicula leistikowii*

1 ~ 8. 光镜照片，壳面观，标尺 =10 μm。9 ~ 10. 电镜照片：9. 外壳面观；10. 内壳面观

（117）庄严舟形藻 *Navicula venerablis* **Hohn and Hellerman**　　图版 147: 1 ～ 5

鉴定文献：Lange-Bertalot 2001, p. 254, Fig. 9: 2 ～ 5.

特征描述：壳面披针形，末端圆形，长 76 ～ 77.8 μm，宽 12.5 ～ 13.2 μm。中轴区窄线形，中央区膨大，呈菱形。点纹单列，纵向短裂缝状。横线纹呈放射状排列，在 10 μm 内有 10 ～ 12 条。

采样点：H9、H13、H15、H17。

分布：湑水河、汉江（勉县）、堰河、牧马河。

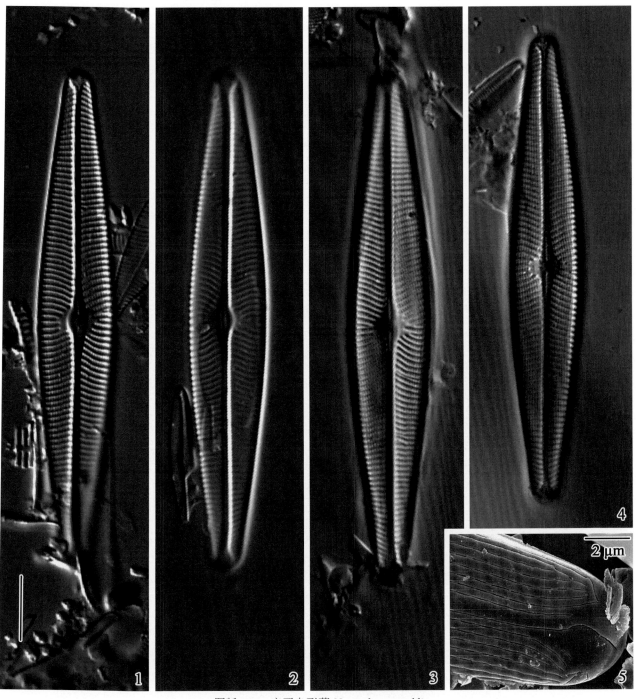

图版 147　庄严舟形藻 *Navicula venerablis*

1 ～ 4. 光镜照片，壳面观，标尺 =10μm；5. 电镜照片，外壳面观，壳面末端，示远缝端及点纹

（二十二）辐节藻科 Stauroneidaceae

40. 格形藻属 *Craticula* Grunow 1867

壳面多舟形或披针形。壳缝直，中轴区窄，中央区小或缺失。横线纹平行或近乎平行排列。

本属在汉江共发现 2 种。

（118）模糊格形藻 *Craticula ambigua* (Ehrenberg) Mann　　图版 148: 1

鉴定文献：Lange-Bertalot 2001, p. 400, Fig. 82: 4 ～ 8.

特征描述：壳面披针形，末端延长呈小头状，长 69.7 μm，宽 20 μm。中轴区窄，中央区略膨大。横线纹近平行排列，在 10 μm 内有 17 条。

采样点：H24。

分布：黄洋河。

（119）急尖格形藻 *Craticula cuspidata* (Kutzing) Mann　　图版 148: 2

鉴定文献：Lange-Bertalot 2001, p. 111, Fig. 82: 1 ～ 3.

特征描述：壳面披针形，末端延长呈喙状，长 103.2 μm，宽 23.6 μm。中轴区窄线形，中央区不明显。横线纹近乎平行排列，在 10 μm 内有 14 条。

采样点：H11。

分布：汉江（汉中市）。

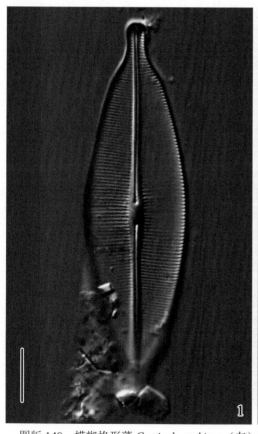 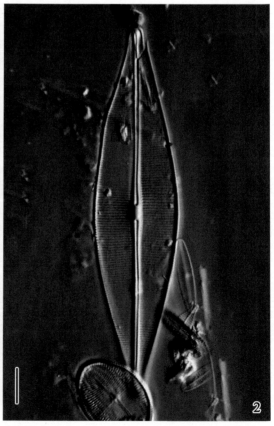

图版 148　模糊格形藻 *Craticula ambigua*（左）和急尖格形藻 *Craticula cuspidata*（右）光镜照片

1 ～ 2. 壳面观，标尺 =10 μm

41. 类辐节藻属 *Prestauroneis* Bruder and Medlin 2008

壳面呈线形、披针形或披针状椭圆形，末端延长呈亚喙状或亚头状。壳缝直；中轴区窄，中央区较小，呈圆形至椭圆形。线纹通常呈微放射状或近平行排列，一般壳面中间的线纹之间距离较宽。

本属在汉江共发现 1 种。

（120）洛伊类辐节藻 *Prestauroneis lowei* Liu, Wang and Kociolek　图版 149

鉴定文献： Liu et al. 2015, p. 3, Figs. 11 ～ 16

特征描述： 壳面线形椭圆形，末端延长呈头状，顶端宽圆形，长 22.7 μm，宽 6.7 μm。壳缝直，近缝端末端膨大；中轴区狭，中央区较小，两侧线纹排列稀疏。线纹呈放射状排列，10 μm 内有 24 条。

采样点： H17。

分布： 牧马河。

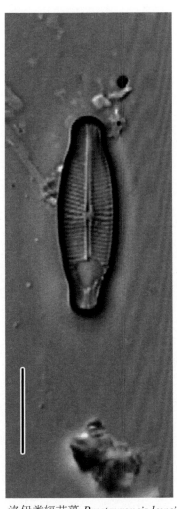

图版 149　洛伊类辐节藻 *Prestauroneis lowei* 光镜照片
壳面观，标尺 =10 μm

十、Thalassiophysales

（二十三）Catenulaceae

42. 双眉藻属 *Amphora* Ehrenberg and Kützing 1844

多数细胞单生。壳面略呈镰刀形，末端钝圆形或两端延长呈头状。壳缝位于壳面近腹侧，直或略弯曲，具中央节和极节。横线纹呈放射状排列。

本属在汉江共发现 2 种。

（121）近缘双眉藻 *Amphora affinis* Kützing（新拟）　　图版 150: 1 ～ 4

鉴定文献: Levkov 2009, p. 412, Fig. 47: 1 ～ 9.

特征描述: 壳面近弓形，有明显的背腹之分，腹缘直或略凹，背缘拱形，两端尖圆，长 22.1 ～ 32.6 μm，宽 5.3 ～ 6.0 μm。壳缝略弯曲中轴区窄，中央区近横矩形，两侧不对称。横线纹在壳面中部近平行排列，向末端略会聚，10 μm 内有 15 ～ 16 条。

采样点: H34、Q3、Q4。

分布: 将军河、金钱河。

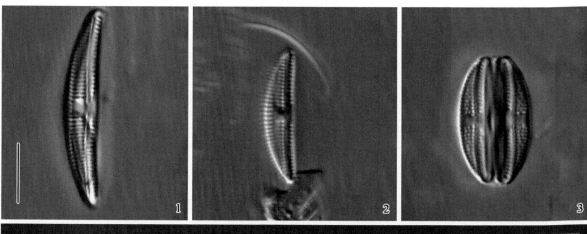

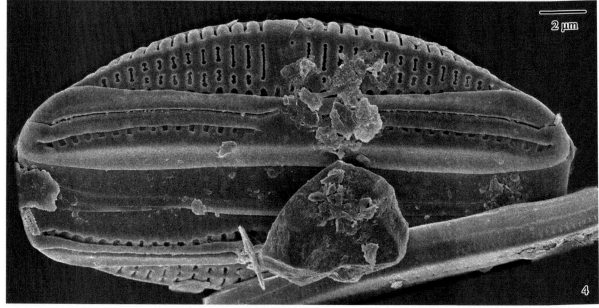

图版 150　近缘双眉藻 *Amphora affinis*

1 ～ 3. 光镜照片，壳面观，标尺 =10 μm；4. 电镜照片，外壳面观

（122）虱形双眉藻 *Amphora pediculus* (Kützing) Grunow　图版 151: 1 ～ 20

鉴定文献：Metzeltin et al. 2005, p. 508, Fig. 132: 5 ～ 16.

特征描述：壳面弓形，具明显的背腹之分，腹缘近平直，背缘拱形，两端尖圆，长 9.1 ～ 16.1 μm，宽 5.5 ～ 7.9 μm。壳缝略弯曲，近缝端直线形，远缝端弯向背缘；中轴区窄线形，中央区近横矩形，两侧略不对称。横线纹在背、腹缘各由 1 列长圆形的点纹组成，点纹外壳面开口具膜覆盖；线纹略辐射状排列，10 μm 内有 12 ～ 15 条。

采样点：H9、H17、H24、H28、H34、J3、J7、J10、Q3、Q8。

分布：湑水河、牧马河、黄洋河、旬河、将军河、金水河、金钱河。

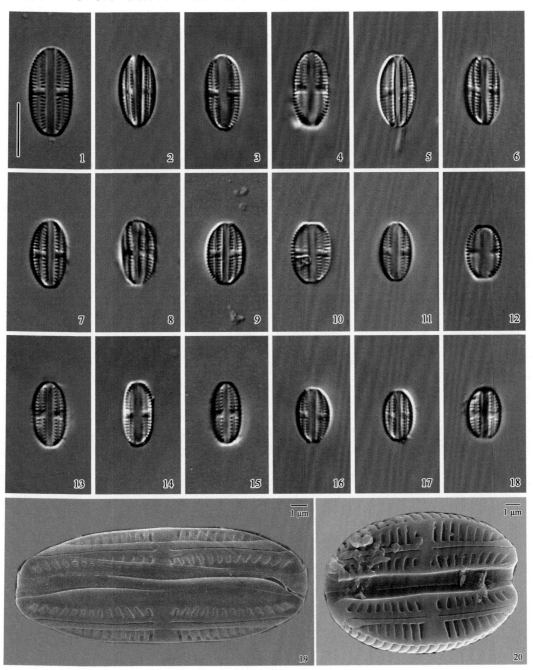

图版 151　虱形双眉藻 *Amphora pediculus*

1 ～ 18. 光镜照片，壳面观，标尺 =10 μm；19 ～ 20. 电镜照片，壳面观

43. 海双眉藻属 *Halamphora* (Cleve) Levkov 2009

壳面两侧不对称，弓形或半月形，有明显的背腹之分，末端钝圆形或两端延长呈小头状。壳缝略弯曲。本属在汉江共发现 4 种。

（123）*泡状海双眉藻 Halamphora bullatoides* (Hohn and Hellerman) Levkov（新拟）　图版 152: 1 ～ 8; 153: 1 ～ 6

鉴定文献：Levkov 2009, p. 176, Fig. 87: 23 ～ 36.

特征描述：壳面半月形，腹缘近平直，中部略膨大，背缘弓形，末端延长呈小头状，长 23.3 ～ 33.9 μm，宽 5.1 ～ 7.9 μm。壳缝略弯曲，靠近壳面腹缘，近缝端两末端近平直，远缝端弯向背缘，壳缝背缘一侧具壳缝脊；中央区两侧不对称，在背缘不明显，在腹缘呈近长椭圆形。横线纹在背缘呈微辐射状排列，中部排列较稀疏，点纹单列，近圆形，10 μm 内有 21 ～ 22 条；腹缘横线纹在光镜下较难观察到，在电镜下观察由单列的小圆形点纹组成。点纹在内壳面开口均具膜覆盖。

采样点：H17、H24、H27、H30、H34、Q8、J3。

分布：牧马河、黄洋河、汉江（旬阳县）、汉江（蜀河镇）、将军河、金钱河、金水河。

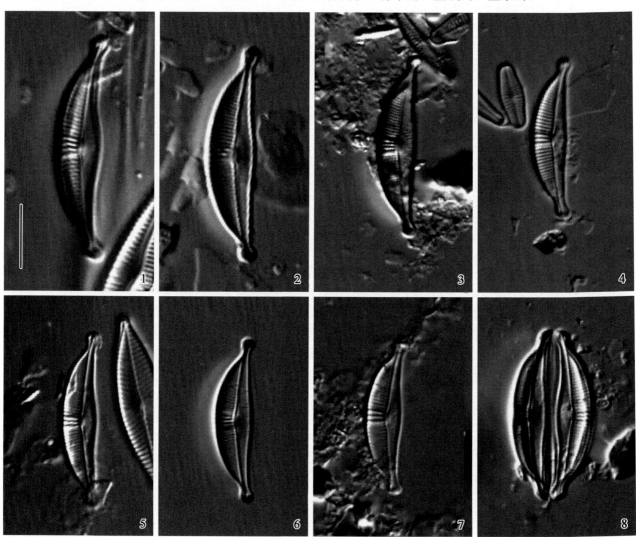

图版 152　泡状海双眉藻 *Halamphora bullatoides* 光镜照片

1 ～ 8. 壳面观，标尺 =10 μm

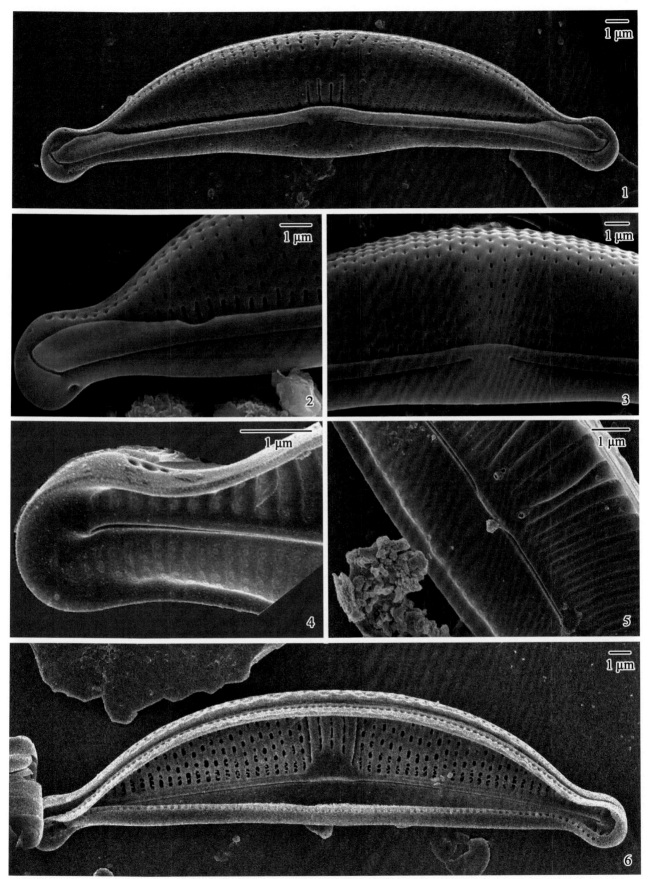

图版 153　泡状海双眉藻 *Halamphora bullatoides* 电镜照片
外壳面观：1. 外壳面整体；2. 壳面末端，示远缝端及点纹；3. 壳面中部，示近缝端及点纹。
内壳面观：4. 壳面末端，示螺旋舌；5. 壳面中部，示近缝端；6. 内壳面整体

（124）杜森海双眉藻 *Halamphora dusenii* (Brun) Levkov（新拟）　图版 154: 1

鉴定文献：Levkov 2009, p. 534, Fig. 107: 1 ～ 12.

特征描述：壳面弓形，背缘和腹缘均波曲，末端延长呈小头状，长 21.1 ～ 25.5 μm，宽 3.9 ～ 4.5 μm。壳缝略弯曲。横线纹呈略辐射状排列，在 10 μm 内有 21 ～ 24 条。

采样点：H15。

分布：堰河。

（125）施罗德海双眉藻 *Halamphora schroederi* (Hustedt) Levkov　图版 154: 2

鉴定文献：Levkov 2009, p. 508, Fig. 95: 13 ～ 19.

特征描述：壳面近弓形，腹缘近平直，背缘弓形，末端略延长呈小头状，长 26 ～ 26.6 μm，宽 12.2 ～ 12.3 μm。壳缝略弯曲，位于壳面近中部。横线纹在背缘呈辐射状排列，10 μm 内有 22 ～ 24 条，腹缘近无纹。

采样点：H27、H33、J3。

分布：汉江（旬阳县）、汉江（羊尾镇）、金水河。

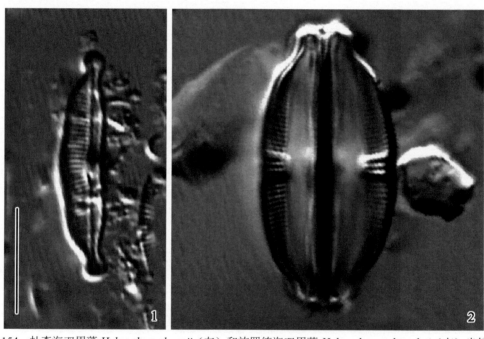

图版 154　杜森海双眉藻 *Halamphora dusenii*（左）和施罗德海双眉藻 *Halamphora schroederi*（右）光镜照片

1. 壳面观；2. 带面观；标尺 =10 μm

（126）威蓝色海双眉藻 *Halamphora veneta* (Kützing) Levkov　　图版 155: 1 ～ 4

鉴定文献：Levkov 2009, p. 242, Figs. 94: 9 ～ 19, 102: 17 ～ 30.

特征描述：壳面新月形，末端略延长尖圆，长 12.9 ～ 15.9 μm，宽 4.1 ～ 4.3 μm。壳缝位于壳面腹侧边缘，略弯曲。横线纹呈略辐射状排列，10 μm 内有 24 ～ 25 条。

采样点：H1。

分布：老灌河。

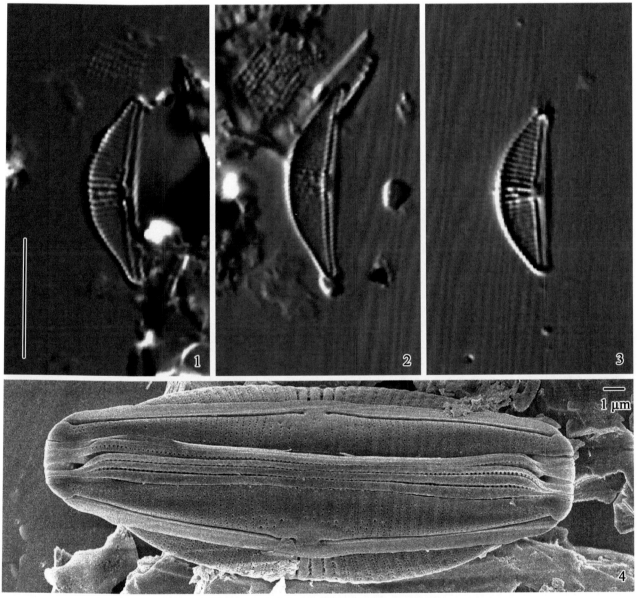

图版 155　威蓝色海双眉藻 *Halamphora veneta*
1 ～ 3. 光镜照片，壳面观，标尺 =10 μm；4. 电镜照片，带面观

十一、杆状藻目 Bacillariales

（二十四）杆状藻科 Bacillariaceae

44. 杆状藻属 *Bacillaria* Gmelin 1791

壳面线形或线状披针形，末端喙状或头状。壳缝位于中轴或近中轴，龙骨细小，具龙骨突。龙骨突肋状，呈弓形与细胞相连。

本属在汉江共发现 1 种。

（127）奇异杆状藻 *Bacillaria paxillifera* (Müller) Hendey　　图版 156: 1 ～ 5; 157: 1 ～ 4

鉴定文献：Krammer and Lange-Bertalot 1997b, p. 8, Fig. 87: 4 ～ 7; Bey and Ector 2013, p. 977, Figs. 1 ～ 8.

特征描述：壳面线形，末端略延长呈小头状，长 71 ～ 76 μm，宽 5 ～ 7 μm。壳缝略偏于壳面一侧，壳面中部壳缝两侧具隆起的硅质脊，靠近末端硅质脊消失；远缝端直；龙骨突清晰，10 μm 内有 7 ～ 9 个。点纹单列，小圆形，外壳面开口具膜覆盖。横线纹 10 μm 内有 10 ～ 16 条。

采样点：H11、H19、H30、H33、H34、C7、J3。

分布：汉江（汉中市）、池河、汉江（蜀河镇）、汉江（羊尾镇）、将军河、堵河、金水河。

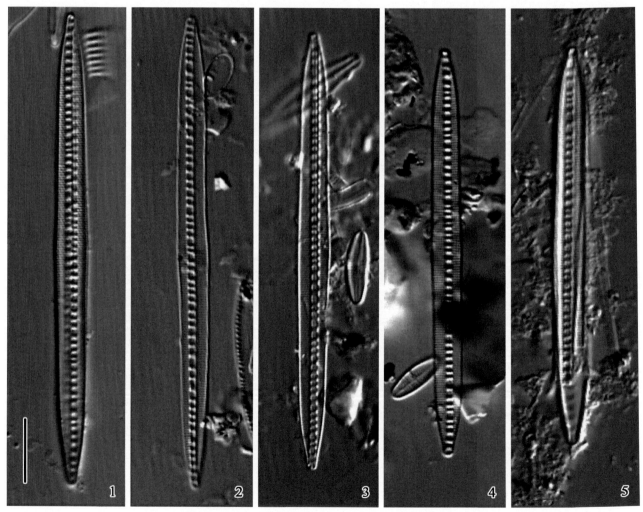

图版 156　奇异杆状藻 *Bacillaria paxillifera* 光镜照片

1 ～ 5. 壳面观，标尺 =10 μm

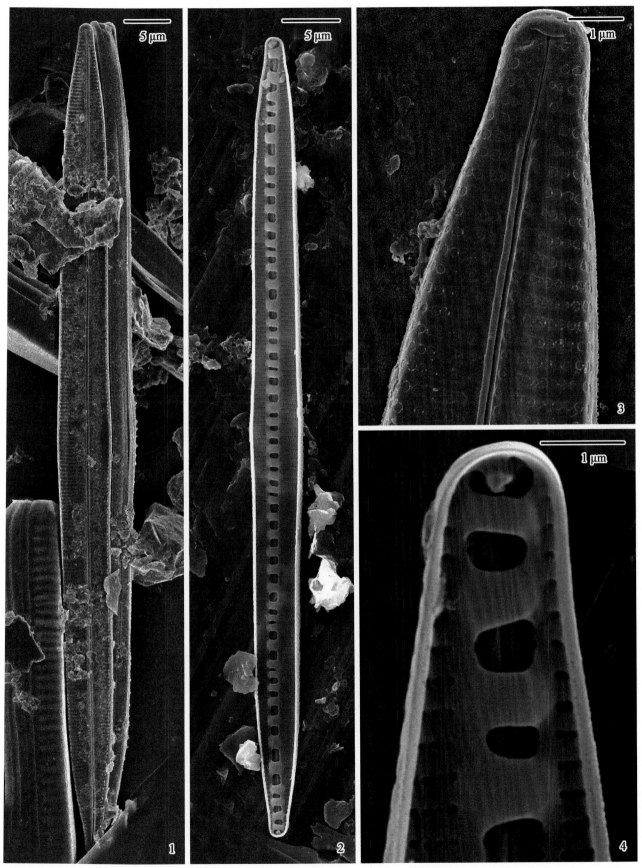

图版 157　奇异杆状藻 *Bacillaria paxillifera* 电镜照片
1. 外壳面观；2. 内壳面观；3. 外壳面观壳面末端，示壳缝及点纹；4. 内壳面观壳面末端，示螺旋舌及龙骨

45. 细齿藻属 *Denticula* Kützing 1844

　　壳面线形或披针形，末端尖至钝圆形，或轻微延伸呈喙状。龙骨突包围着壳缝系统，并横向延伸贯穿整个壳面形成隔片。

　　本属在汉江共发现 1 种。

（128）华美细齿藻 *Denticula elegans* Kützing　　图版 158: 1 ～ 5

　　鉴定文献：Krammer and Lange-Bertalot 1997b, p. 141, Figs. 96: 10 ～ 33, 97: 1 ～ 5.

　　特征描述：壳面舟形，末端钝圆，长 11.5 ～ 20.3 μm，宽 3.4 ～ 4.9 μm。壳缝位于壳面，略偏于一侧。10 μm 内横肋纹 4 ～ 6 条。点纹单列，小圆形。横线纹光镜下不清晰。

　　采样点：H5。

　　分布：金水河。

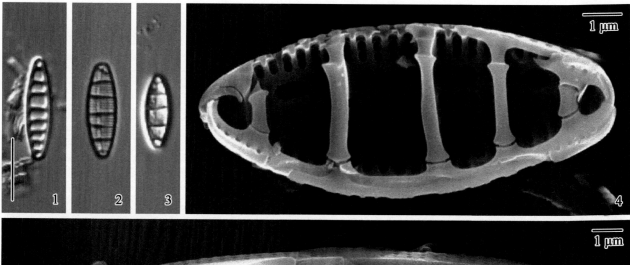

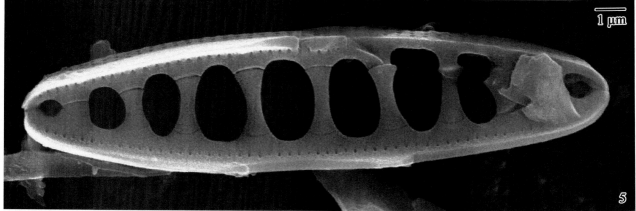

图版 158　华美细齿藻 *Denticula elegans*

1 ～ 3. 光镜照片，壳面观，标尺 =10 μm；4 ～ 5. 电镜照片，内壳面观

46. 菱形藻属 *Nitzschia* Hassall 1845

壳面形态多样。壳缝位置变化较大，从中轴至近缘壳。具龙骨突，龙骨突形状多样，有时可延伸横穿壳面。

本属在汉江共发现 6 个种。

（129）针形菱形藻 *Nitzschia acicularis* (Kützing) Smith 图版 159: 1 ～ 4

鉴定文献： Metzeltin et al. 2009, p. 586, Fig. 227: 8 ～ 10.

特征描述： 壳面线形，两端明显延长呈长喙状，长 45.3 ～ 54.5 μm，宽 2.7 ～ 4.9 μm。横线纹在光镜下不清晰。

采样点： H28、J3。

分布： 旬河、金水河。

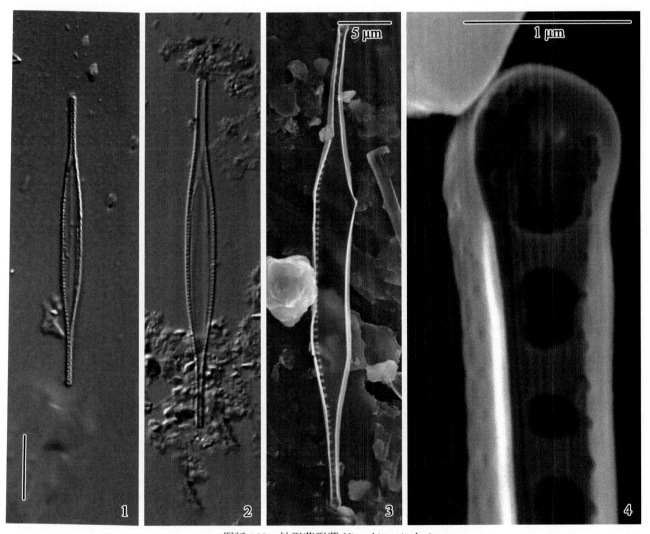

图版 159 针形菱形藻 *Nitzschia acicularis*

1 ～ 2. 光镜照片，壳面观，标尺 =10 μm。3 ～ 4. 电镜照片：3. 内壳面观；4. 内壳面观壳面末端，示螺旋舌

（130）细端菱形藻 *Nitzschia dissipata* (Kützing) Rabenhorst　图版 160: 1 ～ 20; 161: 1 ～ 6

鉴定文献：Bey and Ector 2013, p. 1031, Figs. 1 ～ 45.

特征描述： 壳面线状披针形，末端略延长呈喙状，长 25 ～ 32 μm，宽 4.5 ～ 5.2 μm。壳缝位于壳面一侧，龙骨突排列不均匀，10 μm 内有 7 ～ 10 个。横线纹由单列点纹组成，光镜下不清晰。

采样点： H7、H11、H13、H14、H15、H17、H19、H24、H28、H29、H30、B6、C7、J3、J4、Q3。

分布： 酉水河、汉江（汉中市）、汉江（勉县）、沮水、堰河、牧马河、池河、黄洋河、旬河、蜀河、汉江（蜀河镇）、褒河、堵河、金水河、金钱河。

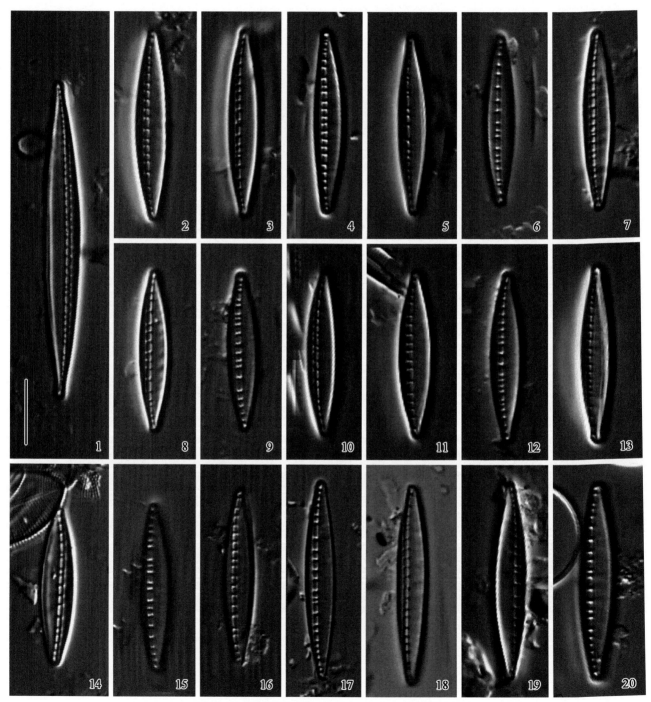

图版 160　细端菱形藻 *Nitzschia dissipata* 光镜照片

1 ～ 20. 壳面观，标尺 =10 μm

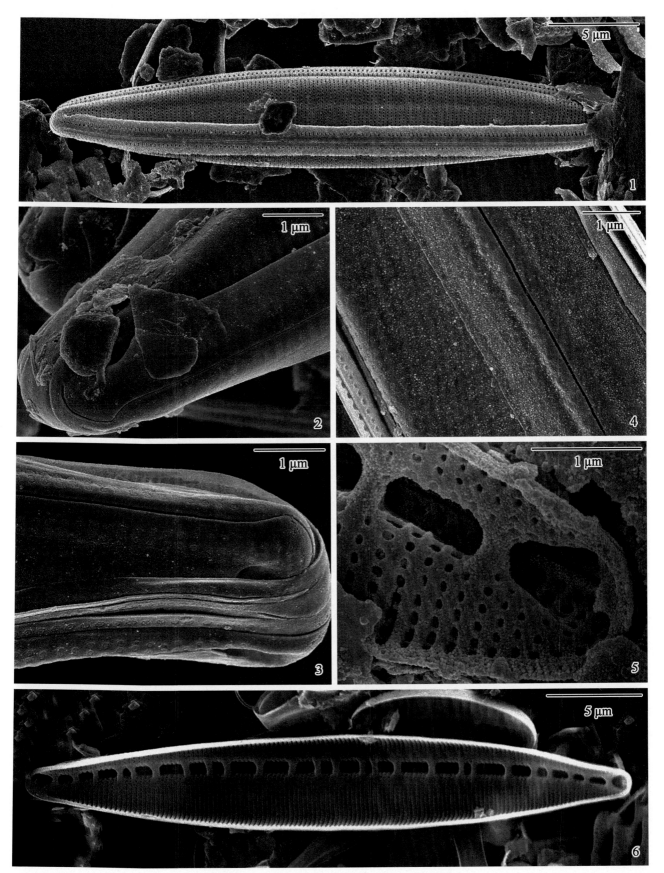

图版 161　细端菱形藻 *Nitzschia dissipata* 电镜照片

外壳面观: 1. 外壳面整体; 2 ～ 3. 壳面末端, 示远缝端及壳缝两侧的硅质结构; 4. 壳面中部。

内壳面观: 5. 壳面末端, 示螺旋舌及龙骨; 6. 内壳面整体

（131）谷皮菱形藻 *Nitzschia palea* (Kützing) Smith　　图版 162: 1 ～ 7

鉴定文献：Krammer and Lange-Bertalot 1997b, p. 85, Fig. 59: 1 ～ 24.

特征描述：壳面线形，两端延长呈小头状，长 31.0 ～ 56.5 μm，宽 4.0 ～ 5.3 μm。龙骨突在 10 μm 内有 11 ～ 13 个。横线纹在光镜下看不清楚。

采样点：H7、H9、H15、H19、H24、H27、H28、H30、Q3、Q4、J3。

分布：酉水河、湑水河、堰河、池河、黄洋河、汉江（旬阳县）、旬河、汉江（蜀河镇）、金钱河、金水河。

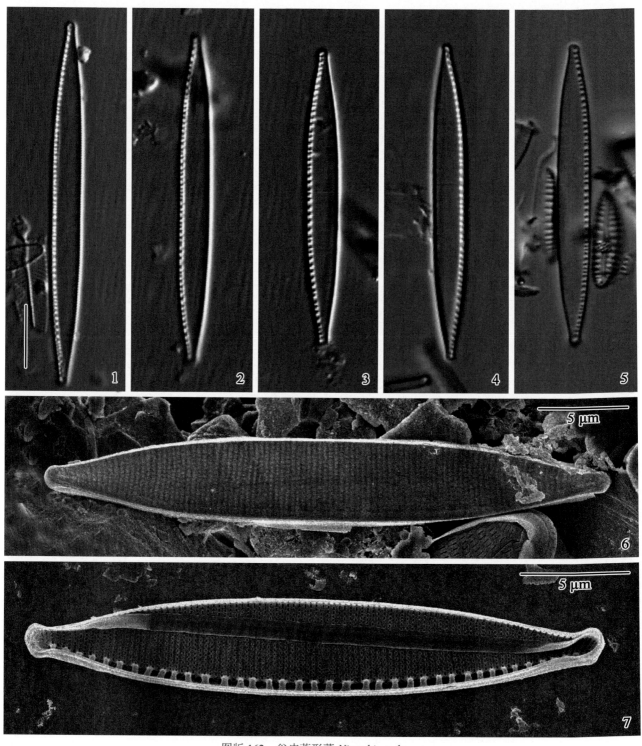

图版 162　谷皮菱形藻 *Nitzschia palea*

1 ～ 5. 光镜照片，壳面观，标尺 =10 μm。6 ～ 7. 电镜照片：6. 外壳面观；7. 内壳面观

（132）细小菱形藻 *Nitzschia subtilis* **(Kützing) Grunow in Cleve and Grunow**（新拟） 图版 163:
1 ～ 2

鉴定文献：Bey and Ector 2013, p. 1089, Figs. 1 ～ 8.

特征描述：壳面细线形，末端延长呈近喙状，长 61.9 ～ 66.9 μm，宽 4.6 ～ 4.9 μm。龙骨突排列紧密，
10 μm 内有 7 ～ 8 个。横线纹在光镜下不清晰。

采样点：H30。

分布：汉江（蜀河镇）。

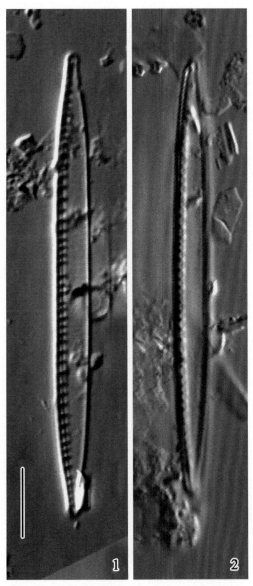

图版 163　细小菱形藻 *Nitzschia subtilis* 光镜照片
1 ～ 2. 壳面观，标尺 =10 μm

（133）*Nitzschia* sp. 1　图版 164: 1 ～ 5

　　特征描述：壳面窄线形，两端细尖，长 18.9 ～ 26.6 μm，宽 3.6 ～ 4.1 μm。龙骨突排列紧密。横线纹细且直，10 μm 内有 13 ～ 15 条。

　　采样点：H23、H28、H30。

　　分布：岚河、旬河、汉江（蜀河镇）。

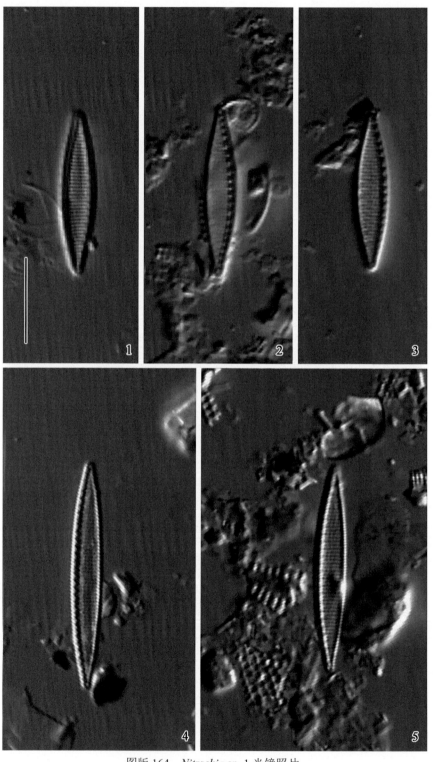

图版 164　*Nitzschia* sp. 1 光镜照片

1 ～ 5. 壳面观，标尺 =10 μm

（134）*Nitzschia* sp. 2　　图版 165：1 ～ 8

特征描述：壳面线形，末端延长呈尖喙状，长 21.7 ～ 23.2 μm，宽 4.2 ～ 4.7 μm。龙骨突不明显。横线纹由双列点纹组成，点纹内壳面开口具膜覆盖，近平行排列，10 μm 内线纹有 17 条。

采样点：J3。

分布：金水河。

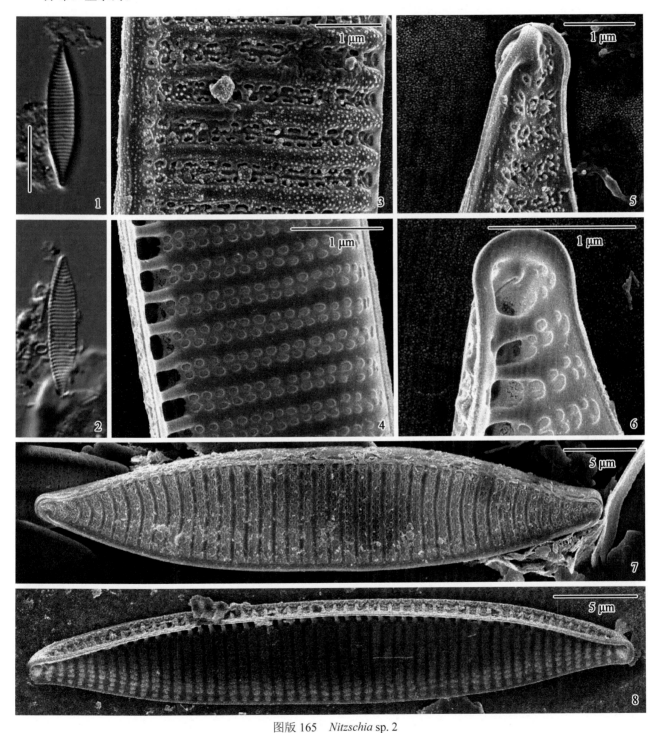

图版 165　*Nitzschia* sp. 2

1 ～ 2. 光镜照片，壳面观，标尺 =10 μm。3 ～ 8. 电镜照片：3. 外壳面观，示点纹；4. 内壳面观，示点纹；
5. 外壳面观，示远缝端；6. 内壳面观，示螺旋舌；7. 外壳面观；8. 内壳面观

47. 盘杆藻属 *Tryblionella* Smith 1853

壳面椭圆形、线形或提琴形，末端钝圆或尖形。外壳面波曲状，一侧具壳缝，另一侧边缘常具隆起的硅质脊。横线纹由圆形点纹组成。

本属在汉江共发现 3 种。

（135）细尖盘杆藻 *Tryblionella apiculata* Gregory　图版 166: 1 ～ 4

鉴定文献：Bey and Ector 2013, p. 1109, Figs. 1 ～ 26.

特征描述：壳面线形，中部略缢缩，末端略延长呈小头状，长 38.7 ～ 45.1 μm，宽 4.9 ～ 5.4 μm。壳面近中部具纵向的无纹区。横线纹在 10 μm 内有 15 ～ 16 条。

采样点：Q8、J3。

分布：金钱河、金水河。

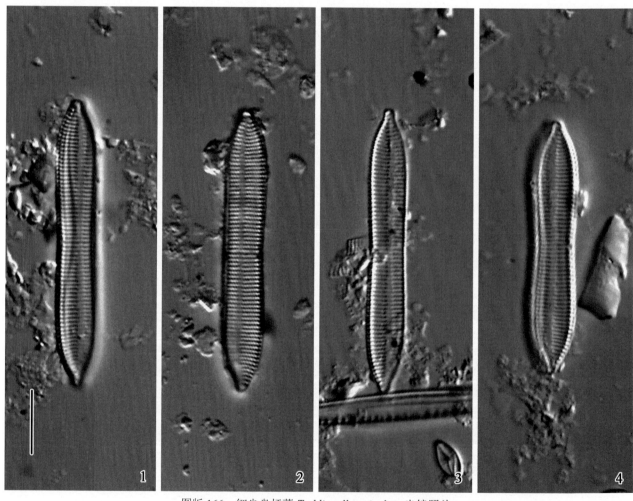

图版 166　细尖盘杆藻 *Tryblionella apiculata* 光镜照片

1 ～ 4. 壳面观，标尺 =10 μm

（136）尖锥盘杆藻 *Tryblionella acuminata* **Smith**　　图版 167: 1

鉴定文献：Wu et al. 2011, p. 298, Fig. 94: a ～ d.

特征描述：壳面线形，中部略缢缩，末端近尖圆，长 25.7 μm，宽 8.5 μm。壳面具隆起的肋纹，横线纹由小圆形点纹组成，在光镜下不清晰。

采样点：H11、H17。

分布：汉江（汉中市）、牧马河。

（137）莱维迪盘杆藻 *Tryblionella levidensis* **Smith**　　图版 167: 2 ～ 6

鉴定文献：Metzeltin et al. 2005, p. 640, Fig. 198: 4 ～ 8.

特征描述：壳面线状椭圆形，末端呈圆形，长 43.7 ～ 49.8 μm，宽 9.8 ～ 11.5 μm。横肋纹在 10 μm 内有 14 条。横线纹在光镜下不清晰。

采样点：J3。

分布：金水河。

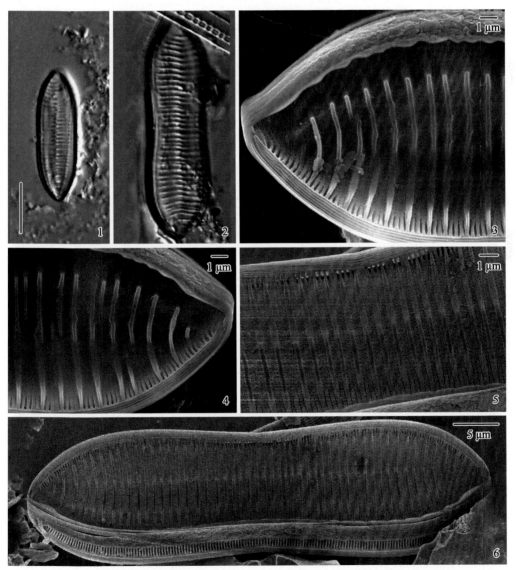

图版 167　尖锥盘杆藻 *Tryblionella acuminata* 和莱维迪盘杆藻 *Tryblionella levidensis*

尖锥盘杆藻：1. 光镜照片，壳面观，标尺 =10 μm。

莱维迪盘杆藻：2. 光镜照片，壳面观，标尺 =10 μm；3 ～ 6. 电镜照片，外壳面观：3 ～ 4. 壳面末端；5. 壳面中部；6. 外壳面整体

48. 格鲁诺藻属 *Grunowia* Rabenhorst 1864

壳面舟形或近菱形。壳缝近中位，具龙骨，龙骨突大而明显。横线纹由单列点纹组成。

该属在汉江共发现 3 个种。

（138）弯曲格鲁诺藻缢缩变种 *Grunowia sinuata* var. *constricta* Zhu and Chen（新拟）　图版 168: 1 ～ 2

鉴定文献：王全喜 2018, Fig. IX: 17.

特征描述：壳面近矩形，中部缢缩，末端延长呈小喙状，长 14.1 ～ 14.9 μm，宽 3.7 ～ 4.8 μm。龙骨突延长，宽于壳面的 1/2。横肋纹 10 μm 内有 8 ～ 9 条。

采样点：H7、J2。

分布：酉水河、金水河。

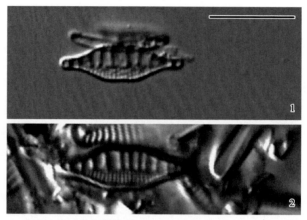

图版 168　弯曲格鲁诺藻缢缩变种 *Grunowia sinuata* var. *constricta* 光镜照片
1 ～ 2. 壳面观，标尺 =10 μm

（139）苏尔根格鲁诺藻 *Grunowia solgensis* (Cleve) Aboal（新拟）　图版 169: 1 ～ 6

鉴定文献：Bishop 2017.

特征描述：壳面披针形，末端略延长尖圆，长 12.5 ～ 20.6 μm，宽 3.8 ～ 4.3 μm。横线纹 10 μm 内有 7 ～ 8 条。

采样点：H17、J1、J10、Q8。

分布：牧马河、金水河、金钱河。

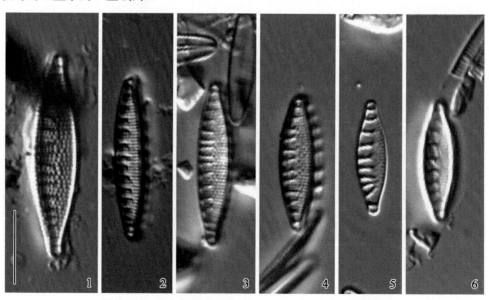

图版 169　苏尔根格鲁诺藻 *Grunowia solgensis* 光镜照片
1 ～ 6. 壳面观，标尺 =10 μm

（140）平片格鲁诺藻 *Grunowia tabellaria* (Rabenhorst) Grunow　　图版 170: 1 ～ 15; 171: 1 ～ 6

鉴定文献：Kociolek 2011.

特征描述：壳面菱形至披针形，中间膨大，末端延长呈小头状，长 13.7 ～ 19 μm，宽 6 ～ 6.8 μm。横线纹由单列圆形点纹组成，10 μm 内有 6 ～ 8 条。

采样点：H9、H11、H24、H29、H34、B7、B11、C7、Q8、J3。

分布：湑水河、汉江（汉中市）、黄洋河、蜀河、将军河、褒河、堵河、金钱河、金水河。

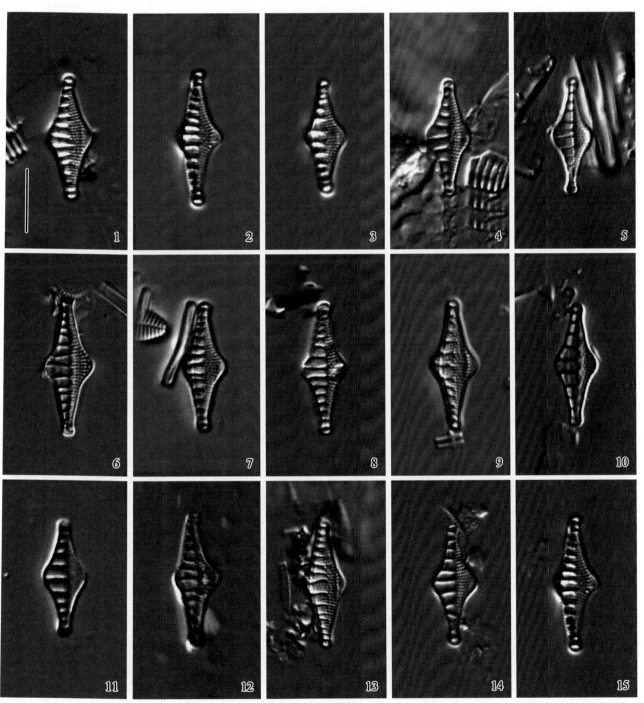

图版 170　平片格鲁诺藻 *Grunowia tabellaria* 光镜照片

1 ～ 15. 壳面观，标尺 =10 μm

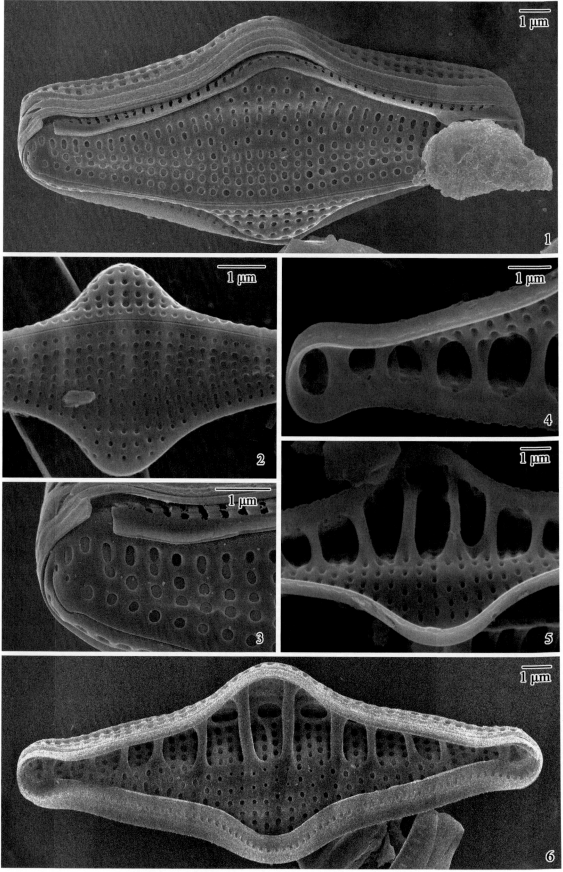

图版 171　平片格鲁诺藻 *Grunowia tabellaria* 电镜照片

外壳面观：1. 外壳面整体；2. 壳面中部；3. 壳面末端，示远缝端及点纹。

内壳面观：4. 壳面末端；5. 壳面中部；6. 内壳面整体

十二、棒杆藻目 Rhopalodiales

（二十五）茧形藻科 Entomoneidaceae

49. 茧形藻属 *Entomoneis* (Ehrenberg) Ehrenberg 1845

壳面扭曲，中部具隆起的龙骨，壳缝位于其上。带面具多条环带。

本属在汉江共发现 1 种。

（141）沼地茧形藻 *Entomoneis paludosa* (Smith) Reimer　　图版 172: 1 ～ 3; 173: 1 ～ 4

鉴定文献： Bahls 2012.

特征描述： 壳面扭曲，长 47.7 ～ 55.9 μm，宽 13.1 ～ 14.9 μm，隆起的龙骨位于近壳面中部，壳缝位于其上；壳面两侧部分区域隆起或愈合。点纹单列，圆形近矩形，在 10 μm 内有 23 条。带面具多条环带。

采样点： H1、H13、H17、H27、H34。

分布： 老灌河、汉江（勉县）、牧马河、汉江（旬阳县）、将军河。

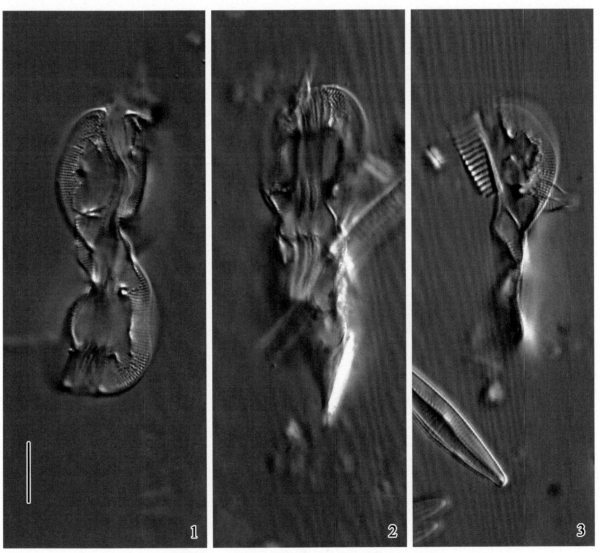

图版 172　沼地茧形藻 *Entomoneis paludosa* 光镜照片

1 ～ 3. 带面观，标尺 =10 μm

图版 173 沼地茧形藻 *Entomoneis paludosa* 电镜照片
1. 带面观；2 ～ 3. 壳面末端；4. 外壳面观

十三、双菱藻目 Surirellales

（二十六）双菱藻科 Surirellaceae

50. 波缘藻属 *Cymatopleura* Smith 1851

壳面纺锤形、线形或椭圆形，具横向上下波状起伏。壳缝位于壳缘的龙骨上。

本属在汉江共发现 2 个种。

（142）草鞋形波缘藻细尖变种 *Cymatopleura solea* var. *apiculata* Smith　图版 174: 1 ～ 3; 175: 1 ～ 4

鉴定文献：Bey and Ector 2013, p. 1141, Figs. 1 ～ 12.

特征描述：壳面线形，中部略缢缩，末端尖圆，长 75.3 ～ 83.9 μm，宽 15.7 ～ 20.3 μm。横肋纹在 10 μm 内有 7 ～ 8 条。

采样点：H24、H28。

分布：黄洋河、旬河。

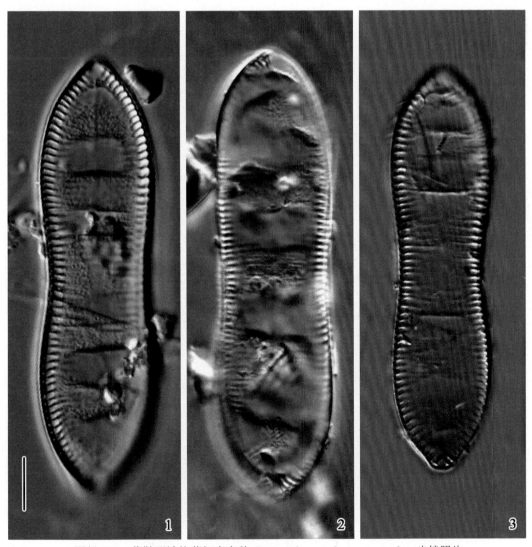

图版 174　草鞋形波缘藻细尖变种 *Cymatopleura solea* var. *apiculata* 光镜照片

1 ～ 3. 壳面观，标尺 =10 μm

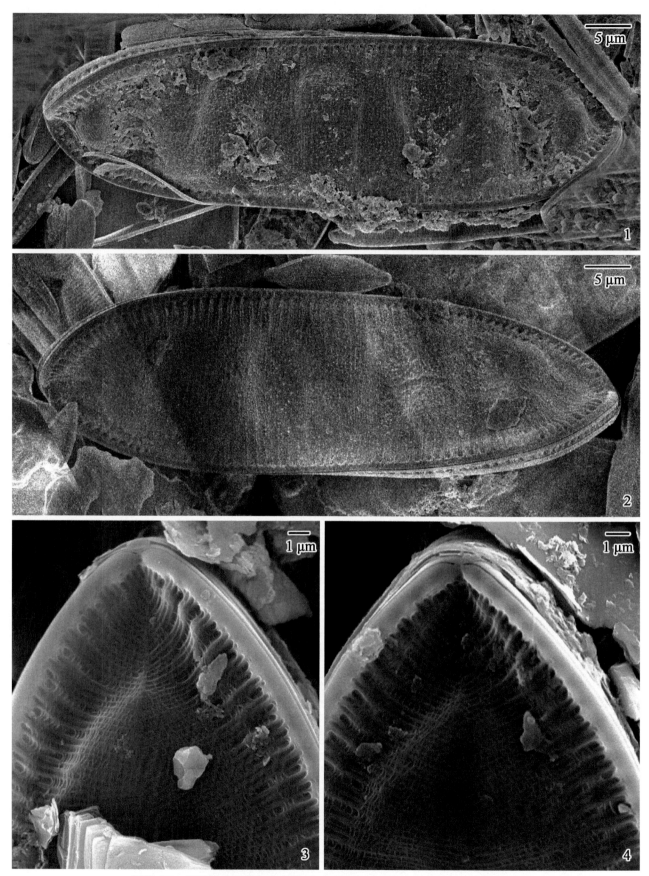

图版 175　草鞋形波缘藻细尖变种 *Cymatopleura solea* var. *apiculata* 电镜照片

外壳面观：1～2.壳面整体；3～4.壳面末端，示壳缝

（143）草鞋形波缘藻 *Cymatopleura solea* (Brébisson) Smith　　图版 176: 1 ～ 3; 177: 1 ～ 2

鉴定文献： Krammer and Lange-Bertalot 1997b, p. 168, Figs. 117: 1 ～ 5, 118: 1 ～ 8.

特征描述： 壳体较大，宽线形，中部缢缩，末端呈钝圆形或楔形，长 99.7 ～ 125.4 μm，19.9 ～ 20.2 μm。壳面不平坦，壳面具粗糙的波纹。横肋纹在 10 μm 内有 9 ～ 10 条。

采样点： H9、H17。

分布： 湝水河、牧马河。

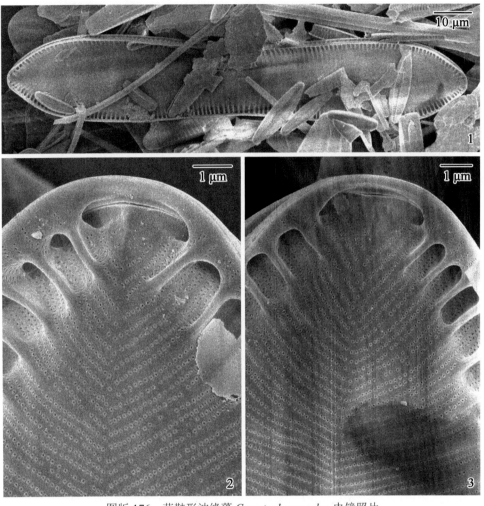

图版 176　草鞋形波缘藻 *Cymatopleura solea* 电镜照片

内壳面观：1. 壳面整体；2 ～ 3. 壳面末端，示壳缝及点纹

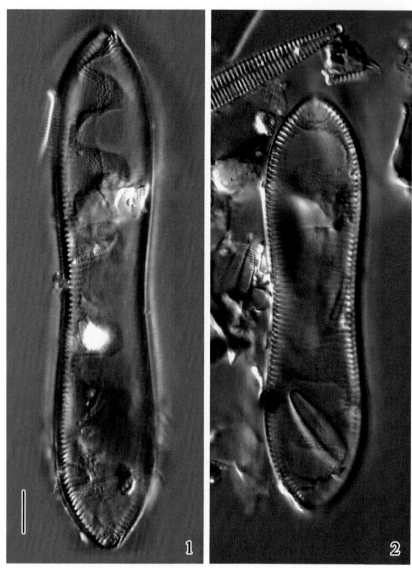

图版 177　草鞋形波缘藻 *Cymatopleura solea* 光镜照片

1 ～ 2. 壳面观，标尺 =10 μm

51. 双菱藻属 *Surirella* Turpin 1828

壳面形态多样，等极或异极。管壳缝环绕壳缘。部分种类在壳面中线附近具刺。横线纹由单列至多列的圆形点纹组成。

本属在汉江共发现 9 个种。

(144) 窄双菱藻 *Surirella angusta* Kützing　图版 178: 1 ～ 12; 179: 1 ～ 6

鉴定文献: Metzeltin et al. 2005, p. 682, Fig. 219: 5 ～ 9.

特征描述: 壳面等极或略异极，线形，末端呈喙状或楔形，长 15.7 ～ 20.7 μm，宽 7.3 ～ 7.9 μm。壳缝在两末端均不连续。横肋纹在中部近平行排列，龙骨突在 10 μm 内有 6 ～ 7 个。点纹小圆形，4 ～ 5 列一束。

采样点: H1、H7、H9、H11、H14、H15、H17、H19、H24、H27、H28、H29、H30、H33、H34、J3、J7、J9、Q8。

分布: 老灌河、酉水河、湑水河、汉江（汉中市）、沮水、堰河、牧马河、池河、黄洋河、汉江（旬阳县）、旬河、蜀河、汉江（蜀河镇）、汉江（羊尾镇）、将军河、金水河、金钱河。

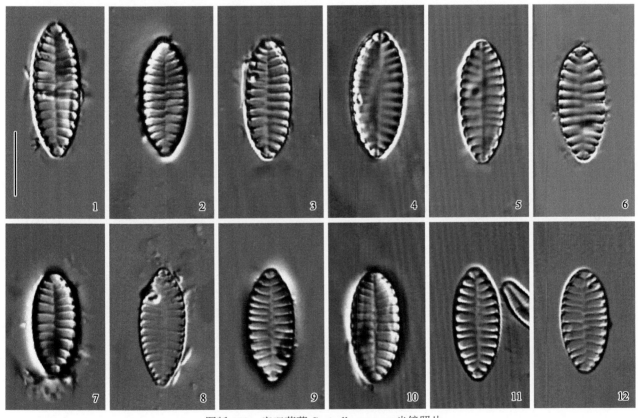

图版 178　窄双菱藻 *Surirella angusta* 光镜照片

1 ～ 12. 壳面观，标尺 =10 μm

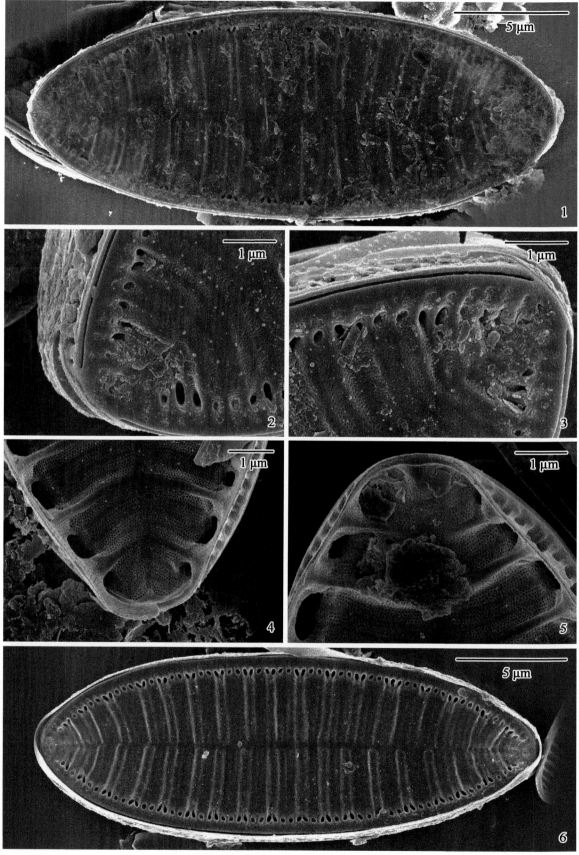

图版 179　窄双菱藻 *Surirella angusta* 电镜照片

外壳面观：1，6.外壳面整体；2～3.壳面末端，示壳缝。

内壳面观：4～5.壳面末端，示壳缝及点纹

（145）二列双菱藻 *Surirella biseriata* Brébisson　　图版 180: 1 ～ 3

鉴定文献： 王全喜 2018, Figs. CXIII: 1 ～ 3, CXIV: 2.

特征描述： 壳面等极，线状披针形，末端尖圆，长 67 ～ 159.1 μm，宽 17.6 ～ 34 μm。中央区的脊在光镜下显著隆起，但未与两端相连。横脊沿壳缘延伸至壳面中部，被纵向的脊断开，横脊在中部近平行，靠近两端倾斜角度较大。龙骨突在 10 μm 内有 3 ～ 4 个。

采样点： H15、H30、C7、Q8。

分布： 堰河、汉江（蜀河镇）、堵河、金钱河。

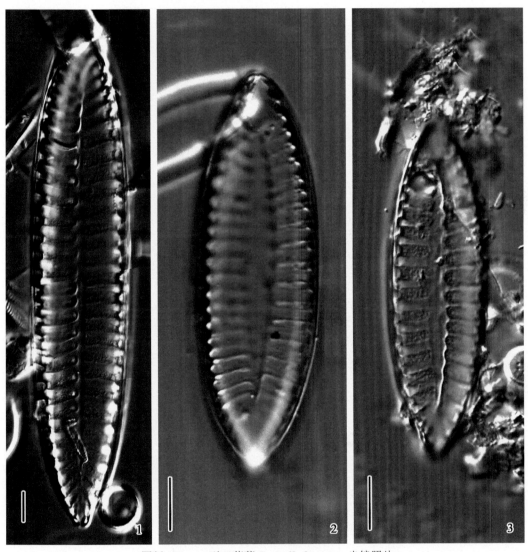

图版 180　二列双菱藻 *Surirella biseriata* 光镜照片

1 ～ 3. 壳面观，标尺 =10 μm

（146）淡黄双菱藻 *Surirella helvetica* Brun　　图版 181: 1 ～ 4

鉴定文献：Bey and Ector 2013, p. 1159, Figs. 1 ～ 13.

特征描述：壳面椭圆形至披针形，末端圆形，长 42.1 ～ 54.8 μm，宽 12.1 ～ 18.6 μm。壳面具瘤状硅质突起。龙骨在壳缘隆起明显，形成拟窗龙骨，龙骨突在 10 μm 内有 3 ～ 4 个，线纹在光镜下不清晰。

采样点：H17、Q3。

分布：牧马河、金钱河。

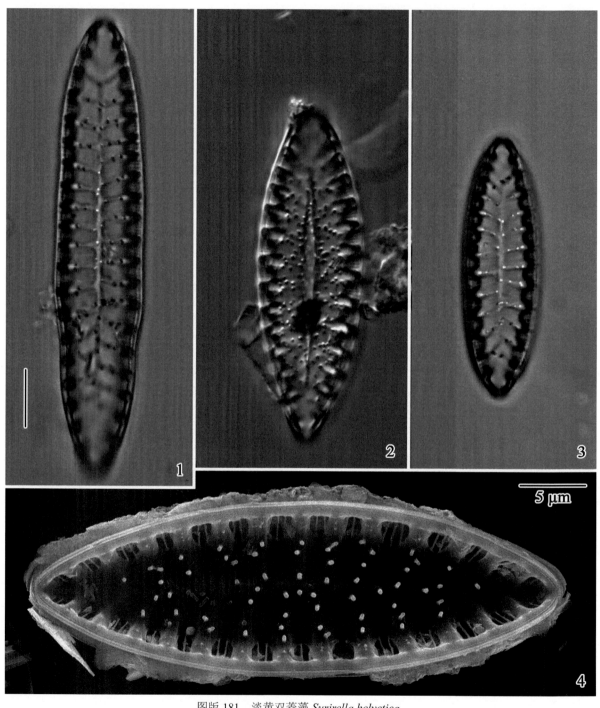

图版 181　淡黄双菱藻 *Surirella helvetica*

1 ～ 3. 光镜照片，壳面观，标尺 =10 μm；4. 电镜照片，外壳面观

（147）线形双菱藻椭圆变种 *Surirella linearis* **var.** *elliptica* **Müller**（新拟）　　图版 182: 1 ～ 5

鉴定文献：Cocquyt and Jahn 2005, p. 368, Figs. 15 ～ 19.

特征描述：壳面等极，椭圆形至披针形，末端尖圆，长 38.1 ～ 46.3 μm，宽 16.3 ～ 18.7 μm。壳面中部具隆起的无纹纵向脊。龙骨在壳缘隆起，壳缝位于其上，壳缝在两末端均不连续，末端弯向壳套面，龙骨突在 10 μm 内有 3 ～ 4 个。横线纹光镜下不可见。

采样点：H1、H11、H13、H14、H17、H24、J3。

分布：老灌河、汉江（汉中市）、汉江（勉县）、沮水、牧马河、黄洋河、金水河。

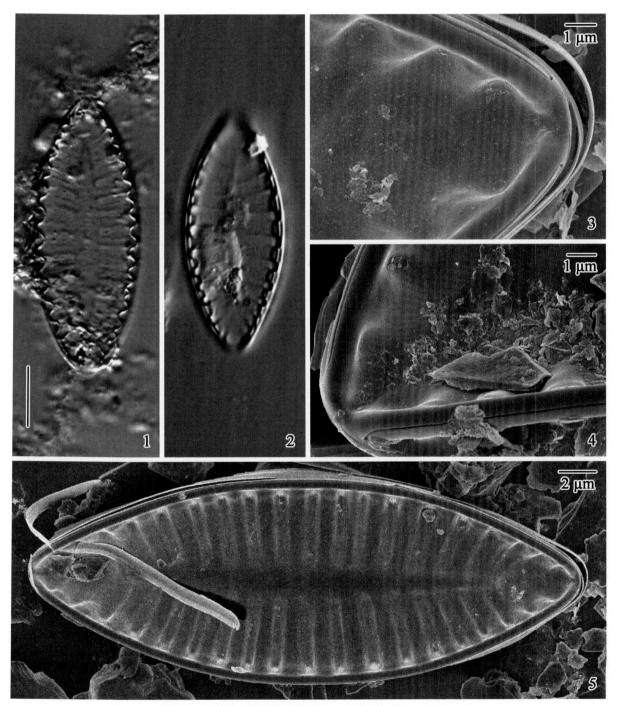

图版 182　线形双菱藻椭圆变种 *Surirella linearis* var. *elliptica*

1 ～ 2. 光镜照片，壳面观，标尺 =10 μm。3 ～ 5. 电镜照片，外壳面观：3 ～ 4. 壳面末端，示壳缝；5. 外壳面整体

（148）微小双菱藻 *Surirella minuta* Brébisson and Kützing　　图版 183: 1 ～ 8

鉴定文献：Krammer and Lange-Bertalot 1987, p. 89, Figs. 69 ～ 87.

特征描述：壳面异极，线形椭圆形，顶端宽圆形，底端楔形，长 16.4 ～ 24.2 μm，宽 8.3 ～ 9.2 μm。壳缝位于隆起的龙骨上。横肋纹在中部近平行排列，两端呈放射状排列且斜向中部，龙骨突在 10 μm 内有 7 ～ 8 个。点纹小圆形，4 ～ 5 列一束。

采样点：H1、H7、H10、H27、H29、J3。

分布：老灌河、酉水河、汉江（城固县）、汉江（旬阳县）、蜀河、金水河。

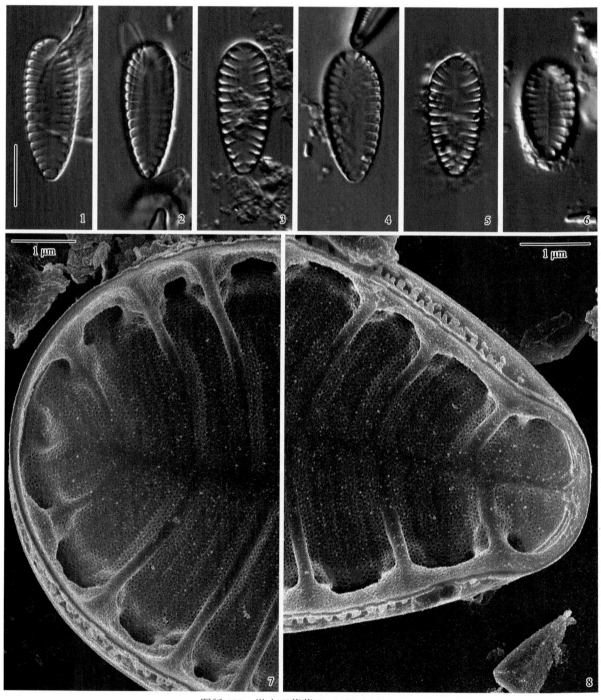

图版 183　微小双菱藻 *Surirella minuta*

1 ～ 6. 光镜照片，壳面观，标尺 =10 μm；7 ～ 8. 电镜照片，内壳面观壳面末端，示壳缝及点纹

（149）瑞典双菱藻 *Surirella suecica* **Grunow**（新拟）　图版 184: 1 ～ 13

鉴定文献：Bey and Ector 2013, p. 1177, Figs. 1 ～ 15.

特征描述：壳面异极，棒状，中部略缢缩，顶端为宽圆形，底端渐尖，呈锐楔形，长 16.7 ～ 28.9 μm，宽 6.4 ～ 6.7 μm。壳缝在两末端均不连续。横肋纹在壳面近平行排列，从壳面边缘延伸至壳面中部，龙骨突在 10 μm 内有 10 ～ 11 个。

采样点：H7、H10、H11、H17、H19、H34、B10、J3。

分布：酉水河、汉江（城固县）、汉江（汉中市）、牧马河、池河、将军河、褒河、金水河。

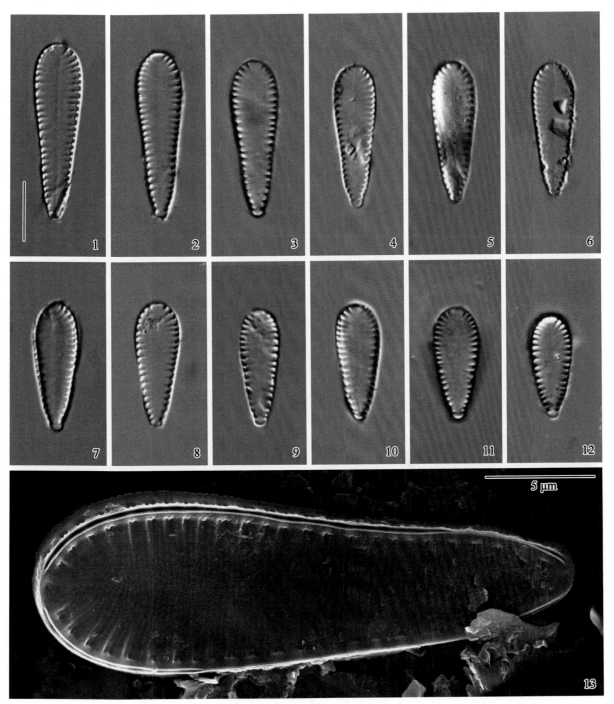

图版 184　瑞典双菱藻 *Surirella suecica*

1 ～ 12. 光镜照片，壳面观，标尺 =10 μm；13. 电镜照片，外壳面观

（150）螺旋双菱藻 *Surirella spiralis* Kützing　　图版 185：1

　　鉴定文献： Levkov et al. 2007, Fig. 207: 1～3.

　　特征描述： 壳面等极，椭圆形至线状椭圆形，末端楔圆形，沿纵轴强烈扭曲，呈"8"字形，长 68.75 μm，宽 23.5 μm。横肋纹在壳面近平行排列。

　　采样点： C7。

　　分布： 堵河。

（151）泰特尼斯双菱藻 *Surirella tientsinensis* Skvortzow　　图版 185：2

　　鉴定文献： 范亚文 2004, p. 44, Fig. 5: 13.

　　特征描述： 壳面略呈线形，两侧中部明显凹入，两端膨大，钝圆，长 69.15 μm，宽 15.6 μm。

　　采样点： H11。

　　分布： 汉江（汉中市）。

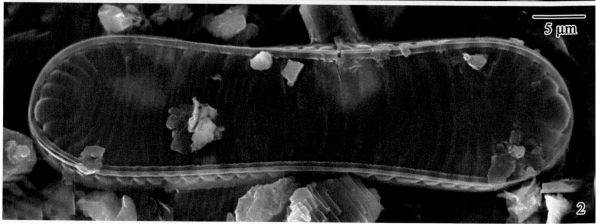

图版 185　螺旋双菱藻 *Surirella spiralis*（上）和泰特尼斯双菱藻 *Surirella tientsinensis*（下）
电镜照片
1. 带面观；2. 外壳面观

（152）*Surirella* sp. 1　　图版 186: 1 ～ 2

　　特征描述：壳面异极，椭圆状披针形，顶端圆形，底端尖圆，长 65 ～ 75.8 μm，宽 20.6 ～ 29.8 μm。
龙骨突 10 μm 内有 2 ～ 3 个，横脊在整个壳面呈略放射状排列；中央区披针形，横线纹在光镜下不可见。

　　采集地：J3。

　　分布：金水河。

图版 186　*Surirella* sp. 1 光镜照片
1 ～ 2. 壳面观，标尺 =10 μm

参 考 文 献

陈嘉佑, 朱蕙忠. 1985. 中国淡水中心纲硅藻研究. 水生生物学报, 9(1): 80-83.

范亚文. 2004. 黑龙江省管壳缝目植物研究. 哈尔滨: 东北林业大学出版社.

齐雨藻. 1995. 中国淡水藻志 第四卷 硅藻门 中心纲. 北京: 科学出版社.

施之新. 2004. 中国淡水藻志 第十二卷 硅藻门 异极藻科. 北京: 科学出版社.

王全喜. 2018. 中国淡水藻志 第二十二卷 硅藻门 管壳缝目. 北京: 科学出版社.

朱蕙忠, 陈嘉佑. 2000. 中国西藏硅藻. 北京: 科学出版社.

Antoniades D., Hamilton P.B., Douglas M.S.V., Smol J.P. 2008. Diatomss of North America: the freshwater floras of Prince Patrick, Ellef Ringnes and northern Ellesmere Islands from the Canadian Arctic Archipelago. Iconographia Diatomologica, 17: 1-649.

Bahls L. 2012. *Entomoneis paludosa*. Diatoms of North America. https://diatoms.org/species/entomoneis_paludosa [2022-3-3].

Bao W.M., Reimer C.W. 1992. New taxa of the diatoms from Changbaishan Mountain, China. Bulletin of Botanical Research, 12(2): 125-143.

Bey M.Y., Ector L. 2013. Atlas des diatomées des cours d'eau de la region 2/2. Heidelberg: Spektrum Akademischer Verlag.

Bishop I. 2017. *Grunowia solgensis*. Diatoms of North America. https://diatoms.org/species/grunowia_solgensis [2022-3-3].

Cocquyt C., Jahn R. 2005. *Surirella* taxa (Bacillariophyta) from East Africa described by Otto Müller: typifications, recombinations, new names, annotations and distributions. Willdenowia, 35(2): 359-371.

Cox E.J. 1988. *Placoneis* Mereschkowsky: the re-evaluation of a diatom genus originally characterized by its chloroplast type. Diatom Research, 2: 145-157.

Håkansson H. 2002. A compilation and evaluation of species in the genera *Stephanodiscus*, *Cyclostephanos* and *Cyclotella* with a new genus in the family Stephanodiscaceae. Diatom Research, 17(1): 1-139, 487.

Hasle G.R., Fryxell G.A. 1977. The genus *Thalassiosira*: some species with a linearareola array // Simonsen R. Proceedings of the Fourth Symposium on Recent and Fossil Marine Diatoms, Oslo, August 30 to September 3, 1976. Beihefte zur Nova Hedwigia, 54: 15-66.

Houk V., Klee R. 2004. The stelligeroid taxa of the genus *Cyclotella* (Kützing) Brébisson (Bacillariophyceae) and their transfer into the new genus *Discostella* gen. nov. Diatom Research, 19(2): 203-228.

Jüttner I., Cox E.J. 2011. *Achnanthidium pseudoconspicum* comb. nov.: morphology and ecology of the species and a comparison with related taxa. Diatom Research, 26(1): 21-28.

Kobayasi H. 1997. Comparative studies among four linear-lanceolate *Achnanthidium* species (Bacillariophyceae) with curved terminal raphe endings. Nova Hedwigia, 65(1-4): 147-164.

Kociolek P. 2011. *Grunowia tabellaria*. Diatoms of North America. https://diatoms.org/species/grunowia_tabellaria [2022-3-3].

Krammer K. 1997a. Die cymbelloiden Diatomeen Eine Monographie der weltweit bekannten Taxa.Teil 1, Allgemeines und *Encyonema* Part. Bibliotheca Diatomologica, 36: 1-382.

Krammer K. 1997b. Die cymbelloiden Diatomeen Eine Monographie der weltweit bekannten Taxa. Teil 2, *Encyonema* Part, *Encyonopsis* and *Cymbellopsis*. Bibliotheca Diatomologica, 37: 1-467.

Krammer K. 2000. Diatoms of Europe, Volume 1, the genus *Pinnularia*. Königstein: A.R.G. Gantner Verlag K.G.

Krammer K. 2002. Diatoms of Europe, Volume 3, *Cymbella*. Königstein: A.R.G. Gantner Verlag K.G.

Krammer K. 2003. Diatoms of Europe, Volume 4, *Cymbopleura*, *Delicata*, *Navicymbula*, *Gomphocymbellopsis*, *Afrocymbella*. Königstein: A.R.G. Gantner Verlag K.G.

Krammer K., Lange-Bertalot H. 1987. Morphology and taxonomy of *Surirella ovalis* and related taxa. Diatom Research, 2: 77-95.

Krammer K., Lange-Bertalot H. 1991. Bacillariophyceae. 3. Teil.: Centrales, Fragilariaceae, Eunotiaceae // Süsswasserflora von Mitteleuropa. Band 2/3. Heidelberg: Spektrum Akademischer Verlag.

Krammer K., Lange-Bertalot H. 1997a. Bacillariophyceae. 1. Teil: Naviculaceae // Süsswasserflora von Mitteleuropa. Band 2/1. Heidelberg: Spektrum Akademischer Verlag.

Krammer K., Lange-Bertalot H. 1997b. Bacillariophyceae. 2. Teil: Bacillariaceae, Epithemiaceae, Surirellaceae // Süsswasserflora von Mitteleuropa. Band 2/2. Heidelberg: Spektrum Akademischer Verlag.

Krammer K., Lange-Bertalot H. 2004. Bacillariophyceae. 3. Teil: Centrales, Fragilariaceae, Eunotiaceae // Süßwasserflora von Mitteleuropa. Band 2/3. Heidelberg: Spektrum Akademischer Verlag.

Kulikovskiy M.S., Lange-Bertalot H., Metzeltin D., Witkowski A. 2012. Lake Baikal: hotspot of endemic diatoms I // Lange-Bertalot H. Iconographia Diatomologica, Annotated Diatom Micrographs, Vol. 23. Liechtenstein: A.R.G. Gantner Verlag, K.G. Ruggell.

Kützing F.T. 1844. Die kieselschaligen Bacillarien oder Diatomeen. Nordhausen: zu findenbei W. Köhne.

Lange-Bertalot H. 2001. Diatoms of Europe, Volume 2, *Navicula* sensu stricto, 10 genera separated from *Navicula* sensu lato, *Frustulia*. Königstein: A.R.G. Gantner Verlag K.G.

Lange-Bertalot H., Bak M., Witkowski A. 2011. Diatoms of the Europe, Volume 6, *Eunotia* and some relate genera. Ruggell: A.R.G. Gantner Verlag K.G.

Lange-Bertalot H., Cavacini P., Tagliaventi N., Alfinito S. 2003. Diatoms of sardinia: rare and 76 new species in rock pools and other ephemeral waters. Iconographia Diatomologica, 12: 438.

Lange-Bertalot H., Genkal S.I. 1999. Diatomeen aus Sibirien, I: inselln im Arktischen Ozean (Yugorsky-Shar Strait). Iconographia Diatomologica, 6: 1-304.

Lange-Bertalot H., Metzeltin D., Witkowski A. 1996. *Hippodonta* gen. nov. Umschreibung und Begründung einer neuer Gattung der Naviculaceae. Iconographia Diatomologica, 4: 247-275.

Levkov Z. 2009. Diatoms of Europe, Volume 5, *Amphora* sensu lato. Ruggell: A.R.G. Gantner Verlag K.G.

Levkov Z. 2016. Diatoms of Europe, Volume 8, the diatom genus *Gomphonema* from the Republic of Macedonia. Königstein: Koeltz Botanical Books.

Levkov Z., Ector L. 2010. A comparative study of *Reimeria* species (Bacillariophyceae). Nova Hedwigia, 90(3-4): 469-489.

Levkov Z., Krstic S., Metzeltin D., Lange-Bertalot H. 2007. Diatoms of Lakes Prespa and Ohrid, about 500 taxa from ancient lake system. Iconographia Diatomologica, 16: 1-618.

Levkov Z., Metzeltin D., Pavlov A. 2013. Diatoms of Europe, Volume 7, *Luticola* and *Luticolopsis*. Königstein: Koeltz Scientific Books: 1-698.

Li Y.L., Gong Z.J., Xie P., Ji S. 2006. Distribution and morphology of two endemic gomphonemoid species, *Gohphonema kaznakowi* Mereschkowsky and *G. yangtzensis* Li nov. sp. in China. Diatom Research, 21(2): 313-324.

Liu Q. Kociolek J.P., Wang Q.X., Fu C.X. 2015. Two new *Prestauroneis* Bruder and Medlin (Bacillariophyceae) species from Zoigê Wetland, Sichuan Province, China, and comparison with *Parlibellus* E.J. Cox. Diatom Research, 30(2): 133-139.

Lowe R. 2011. *Humidophila pantropica*. Diatoms of North America. https://diatoms.org/species/humidophila_pantropica [2022-2-26].

Lowe R. 2015. *Discostella pseudostelligera*. Diatoms of North America. https://diatoms.org/species/discostella_pseudostelligera [2020-11-13].

Mann D.G. 1989. The diatom genus *Sellaphora*: separation from *Navicula*. British Phycological Journal, 24: 1-20, 58.

Manoylov K., Hamilton P. 2010. *Navicula canalis*. Diatoms of North America. https://diatoms.org/species/navicula_canalis [2022-2-26].

Mayama S., Idei M., Osada K., Nagumo T. 2002. Nomenclatural changes for 20 diatom taxa occurring in Japan. Diatom. 18: 89-91.

Metzeltin D., Lange-Bertalot H. 1998. Tropical Diatoms of South America I, about 700 predominantly rarely known or new taxa representative of the neotropical flora. Iconographia Diatomologica, 5: 1-695.

Metzeltin D., Lange-Bertalot H. 2007. Tropical diatoms of South America II, special remarks on biogeography disjunction. Iconographia Diatomologica, 18: 1-877.

Metzeltin D., Lange-Bertalot H., García-Rodriguez F. 2005. Diatoms of Uruguay, compared with other taxa from South America and elsewhere. Iconographia Diatomologica, 15: 1-736.

Metzeltin D, Lange-Bertalot H., Nergui S. 2009. Diatoms in Mongolia. Iconographia Diatomologica, 20:1-168.

Metzeltin D., Witkowski A. 1996. Diatomeen der Baren-Insel. Iconographia Diatomologica, 4: 1-287.

Nakov T., Guillory W.X., Julius M.L., Theriot E.C., Alverson A.J. 2015. Towards a phylogenetic classification of species belonging to the diatom genus *Cyclotella* (Bacillariophyceae): transfer of species formerly placed in *Puncticulata*, *Handmannia*, *Pliocaenicus* and *Cyclotella* to the genus *Lindavia*. Phytotaxa. 217(3): 249-264.

Potapova M. 2014. *Encyonema appalachianum* (Bacillariophyta, Cymbellaceae), a new species from Western Pennsylvania, USA. Phytotaxa, 184(2): 115-120.

Rimet F., Couté A., Piuz A., Berthon V., Druart J.C. 2010. *Achnanthidium druartii* sp. nov. (Achanathales, Bacillariophyta), a new species invading European rivers. Vie et Milieu, 60(3): 185-195.

Round F.E., Crawford R.M., Mann D.G. 1990. The diatoms biology and morphology of the genera. Cambridge: Cambridge University Press.

Thomas E. 2015. *Rhoicosphenia californica*. Diatoms of North America. https://diatoms.org/species/rhoicosphenia_californica [2022-2-26].

Wynne M.J. 2019. *Delicatophycus* gen. nov.: a validation of "*Delicata* Krammmer" *inval.* (*Gomphonemataceae*, Bacillariophyta). Notulae algarum, 97: 1-3.

You Q.M., Kociolek J.P., Cai M.J., Lowe R.L., Liu Y., Wang Q.X. 2017. Morphology and ultrastructure of *Sellaphora constrictum* sp. nov. (Bacillariophyta), a new diatom from southern China. Phytotaxa, 327(3): 261-268.

附表 I　汉江上游硅藻标本采集记录

采样点	采样点名称	采样点位置	海拔（m）	水温（℃）	pH 值	高锰酸盐指数（mg/L）	氨氮（mg/L）	总氮（mg/L）	总磷（mg/L）
H1	老灌河	河南省南阳市淅川县上集镇	184	10.34	8.67	0.90	0.45	5.20	0.00
H2	淇河	河南省南阳市淅川县西簧乡	181	—	—	—	—	—	—
H3	丹江	陕西省商洛市商州区夜村镇	597	9.91	9.51	0.90	0.48	7.42	0.05
H4	南秦河	陕西省商洛市商州区刘湾街道	701	11.19	9.77	1.14	0.66	5.39	0.01
H5	金水河	陕西省汉中市洋县金水镇	369	—	—	0.74	—	4.49	0.00
H6	汉江（金水河入汉江口）	陕西省汉中市洋县金水镇	428	—	—	—	—	—	—
H7	酉水河	陕西省汉中市洋县金水镇酉水村	427	9.35	9.60	0.94	0.09	4.56	0.00
H8	汉江（洋县）	陕西省汉中市洋县谢村镇安陈村	461	9.42	9.60	1.22	0.60	—	—
H9	湑水河	陕西省汉中市城固县湑水河大桥	468	13.85	6.99	0.99	0.68	5.88	0.00
H10	汉江（城固县）	陕西省汉中市城固县汉江大桥	458	8.45	9.31	1.06	0.79	5.76	0.00
H11	汉江（汉中市）	陕西省汉中市南郑区天汉大桥	291	8.87	9.00	1.21	0.20	5.54	0.00
H12	濂水河	陕西省汉中市汉台区中山街道	314	8.92	9.24	0.95	0.14	5.39	0.00
H13	汉江（勉县）	陕西省汉中市勉县武侯镇	560	11.21	8.79	1.00	0.17	4.97	0.01
H14	沮水	陕西省汉中市勉县武侯镇沮水村	564	8.19	9.23	1.02	0.66	4.90	0.00
H15	堰河	陕西省汉中市勉县周家山镇	534	8.82	9.30	1.10	0.04	5.28	0.04
H16	褒河	陕西省汉中市汉台区	513	—	—	—	—	—	—
H17	牧马河	陕西省汉中市西乡县城关镇二里村	493	10.43	9.82	1.11	0.66	4.94	0.00
H18	汉江（石泉县）	陕西省汉中市石泉县城关镇	377	11.51	9.36	1.07	0.94	5.12	0.00
H19	池河	陕西省汉中市石泉县池河镇	385	8.28	9.49	1.37	0.10	4.19	0.00
H20	任河	陕西省安康市紫阳县城关镇	334	8.36	9.48	1.32	0.26	4.79	0.01
H21	汉江（紫阳县）	陕西省安康市紫阳县城关镇	342	11.13	9.43	1.15	0.91	4.45	0.01
H22	月河	陕西省安康市汉滨区建民街道	262	8.09	9.40	1.10	0.51	5.88	0.20
H23	岚河	陕西省安康市汉滨区瀛湖镇	324	13.57	9.35	0.84	0.60	4.64	0.01
H24	黄洋河	陕西省安康市汉滨区张滩镇	222	13.35	9.32	0.99	0.48	4.86	0.01
H25	汉江（安康市）	陕西省安康市汉滨区关庙镇	194	10.18	8.98	0.82	0.94	4.94	0.01
H26	坝河	陕西省安康市旬阳县吕河镇	290	—	—	—	—	—	—
H27	汉江（旬阳县）	陕西省安康市旬阳县吕河镇	200	8.95	9.43	0.84	0.37	5.28	0.00
H28	旬河	陕西省安康市旬阳县吕河镇	151	12.56	9.23	0.70	0.51	5.09	0.01
H29	蜀河	陕西省安康市旬阳县蜀河镇	373	10.39	9.44	0.74	0.83	5.09	0.00
H30	汉江（蜀河镇）	陕西省安康市旬阳县蜀河镇	373	12.18	9.15	0.80	0.52	4.22	0.01
H31	汉江（夹河镇）	湖北省十堰市郧西县夹河镇	181	10.24	9.41	0.72	0.63	—	—
H32	夹河	湖北省十堰市郧西县夹河镇	181	13.13	9.40	0.73	0.50	—	—
H33	汉江（羊尾镇）	湖北省十堰市郧西县羊尾镇	208	10.42	9.32	1.06	0.69	4.30	0.00
H34	将军河	湖北省十堰市郧阳区胡家营镇	149	11.38	9.51	0.70	0.29	5.24	0.00
H35	汉江（十堰市）	湖北省十堰市郧阳区柳坡镇	123	12.87	9.54	0.64	0.48	4.90	0.00
J1	金水河	陕西省汉中市洋县金水镇	396	8.79	9.77	0.56	0.35	4.75	0.00
J2	金水河	陕西省汉中市洋县金水镇牛角坝村	565	9.29	9.46	0.62	0.63	4.56	0.00
J3	金水河	陕西省汉中市佛坪县岳坝镇庙坝	660	6.96	10.11	0.65	0.33	4.56	0.00

采样点	采样点名称	采样点位置	海拔 （m）	水温 （℃）	pH 值	高锰酸盐指数 （mg/L）	氨氮 （mg/L）	总氮 （mg/L）	总磷 （mg/L）
J4	金水河	陕西省汉中市佛坪县岳坝镇月亮坪	750	7.14	9.74	0.79	0.30	4.64	0.00
J5	金水河	陕西省汉中市佛坪县岳坝镇大古坪	810	5.19	9.71	—	0.25	—	—
J6	金水河	陕西省汉中市佛坪县岳坝镇	1110	5.27	9.82	0.72	0.15	4.79	0.00
J7	金水河	陕西省汉中市佛坪县岳坝镇黑龙潭	1136	8.67	9.98	0.64	0.29	3.92	0.00
J8	金水河	陕西省汉中市洋县金水镇草坝河村	477	8.00	9.73	0.49	0.48	4.79	0.00
J9	金水河	陕西省汉中市佛坪县岳坝镇吕关河村	678	8.69	9.55	0.57	0.30	4.67	0.00
J10	金水河	陕西省汉中市佛坪县岳坝镇西华村	885	—	—	—	—	4.49	0.01
B1	褒河	陕西省汉中市勉县褒城镇	479	10.47	9.21	0.92	0.74	—	—
B2	褒河	陕西省汉中市留坝县青桥驿镇	587	10.55	9.21	0.86	0.52	4.64	0.00
B3	褒河	陕西省汉中市留坝县马道镇七里店	648	15.52	6.71	0.90	0.11	4.90	0.00
B4	褒河	陕西省汉中市留坝县武关驿镇五里铺村	703	9.47	8.93	0.96	0.29	—	—
B5	褒河	陕西省汉中市留坝县武关驿镇	755	9.93	8.64	0.86	0.42	5.16	0.00
B6	褒河	陕西省汉中市留坝县留侯镇前湾	1109	9.99	8.87	0.95	0.57	4.94	0.01
B7	褒河	陕西省汉中市留坝县留侯镇王家沟	965	12.56	8.44	1.14	0.68	4.94	0.00
B8	褒河	陕西省汉中市留坝县武关驿镇秧田坝村	765	9.17	8.86	1.05	0.54	4.90	0.01
B9	褒河	陕西省汉中市留坝县武关驿镇南河街村	762	—	—	—	—	—	—
B10	褒河	陕西省汉中市留坝县武关驿镇白家坪	894	9.87	8.92	1.10	—	4.79	0.00
B11	褒河	陕西省汉中市留坝县武关驿镇河口村	753	11.68	9.43	1.12	0.41	4.94	0.00
Q1	金钱河	湖北省十堰市郧西县两岔河	278	12.89	8.99	0.59	0.57	4.86	0.00
Q2	金钱河	湖北省十堰市郧西县金家坡	184	9.28	9.11	0.47	0.93	5.65	0.00
Q3	金钱河	湖北省十堰市郧西县王家河	334	9.36	9.10	0.36	0.58	5.39	0.00
Q4	金钱河	湖北省十堰市郧西县木瓜园村	287	12.47	9.05	0.47	0.70	5.35	0.00
Q5	金钱河	湖北省十堰市郧西县钟家坡	288	9.07	9.02	0.57	0.56	5.09	0.00
Q6	金钱河	湖北省十堰市郧西县雪窝	192	15.20	8.98	0.62	0.77	7.42	0.00
Q7	金钱河	湖北省十堰市郧西县老林塔	114	—	—	—	—	—	—
Q8	金钱河	湖北省十堰市郧西县夹河镇	156	14.95	8.95	0.59	0.32	5.09	0.00
C1	堵河	湖北省十堰市竹山县官渡河松树岭	421	—	—	—	—	—	—
C2	堵河	湖北省十堰市竹山县官渡河	395	10.53	9.74	1.02	0.41	4.86	0.00
C3	堵河	湖北省十堰市竹山县官渡河崖屋潭	388	11.92	9.45	0.90	0.29	4.86	0.01
C4	堵河	湖北省十堰市竹山县田坝镇	363	9.04	9.48	0.79	0.45	4.37	0.00
C5	堵河	湖北省十堰市竹山县深河乡	282	13.32	9.69	0.86	0.48	4.71	0.00
C6	堵河	湖北省十堰市竹山县秦口河	269	13.10	9.25	1.10	0.40	—	—
C7	堵河	湖北省十堰市竹山县城	241	12.90	9.52	1.12	0.37	4.82	0.00
C8	堵河	湖北省十堰市竹山县潘口乡	248	10.91	9.37	0.96	0.35	4.71	0.01
C9	堵河	湖北省十堰市张湾区黄龙镇	261	14.52	9.37	1.00	0.63	—	—
C10	堵河	湖北省十堰市张湾区黄龙镇	178	—	—	—	—	—	—

附表 II 物种信息表

拉丁名	中文名	图版	页码
Achnanthidium delmonii Pérès	德尔蒙曲丝藻	图版 77: 1 ～ 18; 78: 1 ～ 4	74
Achnanthidium druartii Rimet and Couté	德鲁瓦曲丝藻	图版 79: 1 ～ 12; 80: 1 ～ 6	76
Achnanthidium exiguum (Grunow) Czarnecki	短小曲丝藻	图版 81: 1 ～ 15	78
Achnanthidium exile (Kützing) Heiberg	瘦曲丝藻	图版 82: 1 ～ 18	79
Achnanthidium latecephalum Kobayasi	三角帆头曲丝藻	图版 83: 1 ～ 18; 84: 1 ～ 5	80
Achnanthidium minutissimum (Kützing) Czarnecki	极细微曲丝藻	图版 85: 1 ～ 10; 86: 1 ～ 4	82
Achnanthidium pseudoconspicuum (Foged) Jüttner and Cox	亚显曲丝藻	图版 87: 1 ～ 18; 88: 1 ～ 4	84
Achnanthidium pyrenaicum (Hustdet) Kobayasi	庇里牛斯曲丝藻	图版 89: 1 ～ 18; 90: 1 ～ 4	86
Achnanthidium rivulare Potapova and Ponader	溪生曲丝藻	图版 92: 1 ～ 18; 93: 1 ～ 3	89
Achnanthidium rostropyrenaicum Jüttner and Cox	喙状比利牛斯曲丝藻	图版 91: 1 ～ 10	88
Achnanthidium sp. 1		图版 95: 1 ～ 7	92
Achnanthidium subhudsonis (Hustedt) Kobayasi	近赫德森曲丝藻	图版 94: 1 ～ 9	91
Amphipleura pellucida (Kützing) Kützing	明晰双肋藻	图版 103: 1 ～ 4	100
Amphora affinis Kützing	近缘双眉藻	图版 150: 1 ～ 4	144
Amphora pediculus (Kützing) Grunow	虱形双眉藻	图版 151: 1 ～ 20	145
Aneumastus apiculatus (Østrup) Lange-Bertalot	具细尖暗额藻	图版 102: 1 ～ 2	99
Aulacoseira granulata (Ehrenberg) Simonsen	颗粒沟链藻	图版 1: 1 ～ 5	1
Aulacoseira granulata var. *angustissima* (Müller) Simonsen	颗粒沟链藻极狭变种	图版 2: 1 ～ 5	2
Bacillaria paxillifera (Müller) Hendey	奇异杆状藻	图版 156: 1 ～ 5; 157: 1 ～ 4	150
Brachysira neoexilis Lange-Bertalot	近瘦短纹藻	图版 113: 1 ～ 3	108
Caloneis bacillum (Grunow) Cleve	杆状美壁藻	图版 116: 1 ～ 6	111
Caloneis silicula (Ehrenberg) Cleve	短角美壁藻	图版 115: 1 ～ 3	110
Caloneis tarag Kulikovskiy, Lange-Bertalot and Metzeltin	酸凝乳美壁藻	图版 117: 1 ～ 6	112
Cocconeis pediculus Ehrenberg	柄卵形藻	图版 101: 1 ～ 14	98
Cocconeis placentula Ehrenberg	扁圆卵形藻	图版 99: 1 ～ 12	96
Cocconeis placentula var. *euglypta* (Ehrenberg) Grunow	扁圆卵形藻多孔变种	图版 100: 1 ～ 18	97
Craticula ambigua (Ehrenberg) Mann	模糊格形藻	图版 148: 1	142
Craticula cuspidata (Kutzing) Mann	急尖格形藻	图版 148: 2	142
Cyclotella asterocostata Xie, Liu and Cai	星肋小环藻	图版 10: 1	10
Cyclotella hubeiana Chen and Zhu	湖北小环藻	图版 5: 1 ～ 6; 6: 1 ～ 6	5
Cyclotella meneghiniana Kützing	梅尼小环藻	图版 7: 1 ～ 18; 8: 1 ～ 6	7
Cyclotella ocellata Pantocsek	眼斑小环藻	图版 9: 1 ～ 11	9
Cymatopleura solea (Brébisson) Smith	草鞋形波缘藻	图版 176: 1 ～ 3; 177: 1 ～ 2	169
Cymatopleura solea var. *apiculata* Smith	草鞋形波缘藻细尖变种	图版 174: 1 ～ 3; 175: 1 ～ 4	167
Cymbella affinis Kützing	近缘桥弯藻	图版 27: 1 ～ 10; 28: 1 ～ 6	26
Cymbella excisa Kützing	切断桥弯藻	图版 29: 1 ～ 10; 30: 1 ～ 6	28
Cymbella ohridana Levkov and Krstic	奥赫里德桥弯藻	图版 31: 1 ～ 5	30
Cymbella pervarians Krammer	极变异桥弯藻	图版 32: 1 ～ 3; 33: 1 ～ 6	31
Cymbella subturgidula Krammer	近胀大桥弯藻	图版 34: 1 ～ 10	33

续表

拉丁名	中文名	图版	页码
Cymbella tropica Krammer	热带桥弯藻	图版 35: 1～10; 36: 1～6	34
Cymbella tumida (Brébisson and Kützing) Van Heurck	膨胀桥弯藻	图版 37: 1～5	36
Cymbella turgiduliformis Krammer	膨胀形桥弯藻	图版 38: 1～5	37
Delicatophycus delicatulus (Kützing) Wynne	优美藻	图版 39: 1～12; 40: 1～6	38
Delicatophycus verena Wynne	维里那优美藻	图版 41: 1～12; 42: 1～6	40
Denticula elegans Kützing	华美细齿藻	图版 158: 1～5	152
Diadesmis confervacea Kützing	丝状等带藻	图版 106: 1～4	102
Diatom vulgaris Bory	普通等片藻	图版 22: 1～8; 23: 1～8	21
Diploneis oblongella (Naegeli) Cleve-Euler	长圆双壁藻	图版 126: 1～4	120
Diploneis puella (Schuman) Cleve	美丽双壁藻	图版 127: 1～12	121
Discostella pseudostelligera (Hustedt) Houk and Klee	假具星碟星藻	图版 11: 1～10	11
Discostella stelligera (Cleve and Grunow) Houk and Klee	具星碟星藻	图版 10: 2	10
Encyonema appalachianum Potapova	阿巴拉契亚内丝藻	图版 43: 1～12; 44: 1～6	42
Encyonema caespitosum Kützing	簇生内丝藻	图版 45: 1～6; 46: 1～4	44
Encyonema latens (Krasske) Mann	隐内丝藻	图版 47: 1～18; 48: 1～3	45
Encyonema prostratum (Berkeley) Kützing	平卧内丝藻	图版 49: 1～4	47
Encyonopsis minuta Krammer and Reichardt	微小拟内丝藻	图版 50: 1～8; 51: 1～3	48
Entomoneis paludosa (Smith) Reimer	沼地茧形藻	图版 172: 1～3; 173: 1～4	165
Fragilaria arcus var. *recta* Cleve	尖脆杆藻直变种	图版 15: 1～12; 16: 1～4	15
Fragilaria capucina Desmaziéres	钝脆杆藻	图版 18: 1～15; 19: 1～4	17
Fragilaria mesolepta Rabenhorst	中狭脆杆藻	图版 17	16
Fragilaria pararumpens Lange-Bertalot, Hofmann and Werum	拟爆裂脆杆藻	图版 20: 1～6	19
Fragilaria tenera (Smith) Lange-Bertalot	柔嫩脆杆藻	图版 21: 1～8	20
Frustulia amosseana Lange-Bertalot	莫桑比克肋缝藻	图版 104	101
Geissleria decussis (Østrup) Lange-Bertalot and Metzeltin	十字形盖斯勒藻	图版 128: 1～3	122
Gomphonema cf. *minutum* (Agardh) Agardh		图版 59: 1～21; 60: 1～6	57
Gomphonema graciledictum Reichardt	纤细型异极藻	图版 52: 1～7	50
Gomphonema inaequilongum (Kobayasi) Kobayasi	不等长异极藻	图版 53: 1～10; 54: 1～8	51
Gomphonema irroratum Hustedt	露珠异极藻	图版 56: 1～8	54
Gomphonema kaznakowi Mereschkowsky	卡兹那科夫异极藻	图版 55: 1～6	53
Gomphonema laticollum Reichardt	宽颈异极藻	图版 57: 1～5	55
Gomphonema minutum (Agardh) Agardh	微小异极藻	图版 58: 1～12	56
Gomphonema naviculoides Smith	似舟形异极藻	图版 61: 1～5	59
Gomphonema parvulum (Kützing) Kützing	小型异极藻	图版 63: 1～13	61
Gomphonema pumilum (Grunow) Reichardt and Lange-Bertalot	矮小异极藻	图版 62: 1～7	60
Gomphonema sancti-naumii Metzeltin and Levkov	圣瑙姆异极藻	图版 64: 1～8	62
Gomphonema sp. 1		图版 69: 1～5	67
Gomphonema sp. 2		图版 70: 1～8	67
Gomphonema sp. 3		图版 71: 1～16	68
Gomphonema sp. 4		图版 72: 1～8	69
Gomphonema sphaerophorum Ehrenberg	具球异极藻	图版 65: 1～7	63
Gomphonema tergestinum (Grunow) Fricke	泰尔盖斯特异极藻	图版 68	66

续表

拉丁名	中文名	图版	页码
Gomphonema vardarense Levkov, Mitic-Kopanja and Reichardt	瓦尔达尔异极藻	图版 66: 1～6	64
Gomphonema yangtzensis Li	扬子异极藻	图版 67: 1～5	65
Grunowia sinuata var. *constricta* Zhu and Chen	弯曲格鲁诺藻缢缩变种	图版 168: 1～2	162
Grunowia solgensis (Cleve) Aboal	苏尔根格鲁诺藻	图版 169: 1～6	162
Grunowia tabellaria (Rabenhorst) Grunow	平片格鲁诺藻	图版 170: 1～15; 171: 1～6	163
Gyrosigma acuminatum (Kützing) Rabenhorst	尖布纹藻	图版 131: 1～3; 132: 1～6	125
Gyrosigma scalproides (Rabenhorst) Cleve	刀状布纹藻	图版 129: 1～4; 130: 1～6	123
Halamphora bullatoides (Hohn and Hellerman) Levkov	泡状海双眉藻	图版 152: 1～8; 153: 1～6	146
Halamphora dusenii (Brun) Levkov	杜森海双眉藻	图版 154: 1	148
Halamphora schroederi (Hustedt) Levkov	施罗德海双眉藻	图版 154: 2	148
Halamphora veneta (Kützing) Levkov	威蓝色海双眉藻	图版 155: 1～4	149
Hippodonta capitata (Ehrenberg) Lange-Bertalot et al.	头状蹄形藻	图版 133: 1～2	127
Humidophila pantropica (Lange-Bertalot) Lowe et al.	泛热带喜湿藻	图版 105	101
Karayevia clevei (Grunow) Bukhtiyarova	克里夫卡氏藻	图版 96: 1～10	93
Lindavia praetermissa (Lund) Nakov et al.	省略琳达藻	图版 12: 1～8	12
Luticola guianaensis Metzeltin and Levkov	圭亚那泥生藻	图版 107: 1～8; 108: 1～6	103
Luticola hlubikovae Levkov, Metzeltin and Pavlov	赫氏泥生藻	图版 109: 1～5	105
Luticola mutica (Kützing) Mann	钝泥生藻	图版 110: 1～5	106
Luticola pitranensis Levkov, Metzeltin and Pavlov	近菱形泥生藻	图版 111: 1～3	106
Luticola ventriconfusa Lange-Bertalot	中凸泥生藻	图版 112: 1～12	107
Melosira varians Agardh	变异直链藻	图版 3: 1～8; 4: 1～6	3
Navicula amphiceropsis Lange-Bertalot and Rumrich	拟两头舟形藻	图版 134: 1～6; 135: 1～6	128
Navicula broetzii Lange-Bertalot and Reichardt	布勒茨舟形藻	图版 136: 1～8	130
Navicula canalis Patrick	管舟形藻	图版 137: 1～7	131
Navicula capitatoradiata Germain	辐头舟形藻	图版 138: 1～12; 139: 1～6	132
Navicula cf. *antonii* Lange-Bertalot		图版 140: 1～8; 141: 1～3	134
Navicula cryptocephala Küzing	隐头舟形藻	图版 142: 1～6	136
Navicula gregaria Donkin	群生舟形藻	图版 143: 1～6	137
Navicula hofmanniae Reichardt	霍夫曼舟形藻	图版 145: 1～11	139
Navicula leistikowii Lange-Bertalot	雷氏舟形藻	图版 146: 1～10	140
Navicula reinhardtii (Grunow) Grunow	莱因哈德舟形藻	图版 144: 1	138
Navicula tripunctata (Müller) Bory	三点舟形藻	图版 144: 2	138
Navicula venerablis Hohn and Hellerman	庄严舟形藻	图版 147: 1～5	141
Neidium cuneatiforme Levkov	楔形长篦藻	图版 114	109
Nitzschia acicularis (Kützing) Smith	针形菱形藻	图版 159: 1～4	153
Nitzschia dissipata (Kützing) Rabenhorst	细端菱形藻	图版 160: 1～20; 161: 1～6	154
Nitzschia palea (Kützing) Smith	谷皮菱形藻	图版 162: 1～7	156
Nitzschia sp. 1		图版 164: 1～5	158
Nitzschia sp. 2		图版 165: 1～8	159
Nitzschia subtilis (Kützing) Grunow in Cleve and Grunow	细小菱形藻	图版 163: 1～2	157
Pinnularia saprophila Lange-Bertalot, Kobayasi and Krammer	腐生羽纹藻	图版 118: 1～5	113
Pinnularia subgibba var. *undulata* Krammer	近弯羽纹藻波曲变种	图版 119: 1～8	114

拉丁名	中文名	图版	页码
Placoneis clementioides (Hustedt) Cox	温和盘状藻	图版 73: 2 ～ 6	70
Placoneis elginensis (Gregory) Cox	埃尔金盘状藻	图版 73: 1	70
Planothidium frequentissimum Lange-Bertalot	频繁平面藻	图版 97: 1 ～ 18	94
Planothidium rostratum (Østrup) Lange-Bertalot	喙状平面藻	图版 98: 1 ～ 12	95
Prestauroneis lowei Liu, Wang and Kociolek	洛伊类辐节藻	图版 149	143
Reimeria fontinalis Levkov	泉生瑞氏藻	图版 75: 1 ～ 3	72
Reimeria sinuata (Gregory) Kociolek and Stoermer	波状瑞氏藻	图版 74: 1 ～ 16	71
Rhoicosphenia californica Thomas and Kociolek	加利福尼亚弯楔藻	图版 76: 1 ～ 4	73
Sellaphora bacillum (Ehrenberg) Mann	杆状鞍型藻	图版 120: 1 ～ 12; 121: 1 ～ 6	115
Sellaphora constrictum Kociolek and You	缢缩鞍型藻	图版 122: 1 ～ 6	117
Sellaphora pupula Mereschkowsky	瞳孔鞍型藻	图版 123: 1 ～ 12	118
Sellaphora stroemii (Hustedt) Kobayasi	施氏鞍型藻	图版 124: 1 ～ 5	119
Sellaphora ventraloconfusa (Lange-Bertalot) Metzeltin and Lange-Bertalot	腹糊鞍型藻	图版 125: 1 ～ 6	119
Stephanodiscus hantzschii f. *tenuis* (Hustedt) Håkansson and Stoermer	冠盘藻细弱变型	图版 13: 1 ～ 6	13
Surirella angusta Kützing	窄双菱藻	图版 178: 1 ～ 12; 179: 1 ～ 6	171
Surirella biseriata Brébisson	二列双菱藻	图版 180: 1 ～ 3	173
Surirella helvetica Brun	淡黄双菱藻	图版 181: 1 ～ 4	174
Surirella linearis var. *elliptica* Müller	线形双菱藻椭圆变种	图版 182: 1 ～ 5	175
Surirella minuta Brébisson and Kützing	微小双菱藻	图版 183: 1 ～ 8	176
Surirella sp. 1		图版 186: 1 ～ 2	179
Surirella spiralis Kützing	螺旋双菱藻	图版 185: 1	178
Surirella suecica Grunow	瑞典双菱藻	图版 184: 1 ～ 13	177
Surirella tientsinensis Skvortzow	泰特尼斯双菱藻	图版 185: 2	178
Tabularia fasiculata (Agardh) Williams and Round	簇生平格藻	图版 24: 1 ～ 13	23
Thalassiosira lacustris (Grunow) Hasle	湖沼海链藻	图版 14: 1 ～ 5	14
Tryblionella acuminata Smith	尖锥盘杆藻	图版 167: 1	161
Tryblionella apiculata Gregory	细尖盘杆藻	图版 166: 1 ～ 4	160
Tryblionella levidensis Smith	莱维迪盘杆藻	图版 167: 2 ～ 6	161
Ulnaria ulna (Nitzsch) Compère	肘状肘形藻	图版 25: 1 ～ 6; 26: 1 ～ 8	24